Los 7 neuropoderes de la gente feliz

DRA. SARA TELLER
Y FERRAN CASES

Los 7 neuropoderes de la gente feliz

Neurociencia práctica para vivir con plenitud

Grijalbo

Papel certificado por el Forest Stewardship Council®

MIXTO
Papel | Apoyando la silvicultura responsable
FSC® C117695

Penguin Random House Grupo Editorial

Primera edición: marzo de 2026

Printed in Spain – Impreso en España

ISBN: 978-84-253-7057-1
Depósito legal: B-1.214-2026

Compuesto en Compaginem Llibres, S. L.
Impreso en Black Print Ibérica CPI, S. L.
Sant Andreu de la Barca (Barcelona)

GR70571

ÍNDICE

Introducción

El del segundo cerebro

Cuando eres joven, no sé..., sobre los quince años, supongo, te piensas que la vida es una. Tienes unas expectativas y crees que vivir será ir cumpliendo, paso a paso, aquello que te has propuesto. Después maduras y te das cuenta de que nada de eso. Que vidas hay muchas dentro de una misma.

Hace ya unos años conocí a Sara, y nuestras vidas, sin duda, se han ido entrecruzando desde entonces. Ayer, mientras miraba una foto de cuando publicamos *El cerebro de la gente feliz*, nuestro primer libro juntos, pensaba: «Joder, qué guapos y jóvenes estábamos». Han pasado unos cinco años, si no calculo mal, y hemos tenido hijos (no juntos, cada uno por su lado), así que es muy probable que ahora mismo estemos viviendo otra vida distinta a la que vivíamos cuando escribimos aquel primer libro.

No sé si conoces esa primera aventura literaria. La verdad es que fue muy bonito para los dos ver cómo nuestro libro iba creciendo y empezaba a hacerse conocido en todo el mundo. Me acuerdo perfectamente del día que salió. Le dije a Sara: «Tía, qué mala suerte, salimos el mismo día que Rafael Santandreu y Robin Sharma..., nos vamos a morir de hambre». No recuerdo qué me respondió, pero seguro que pensó: «Ya está aquí la versión catastrofista de mi amigo». Me conoce bien. Nos conocemos bien. Quizá por eso el primer libro funcionó, porque éramos (y seguimos siendo) un buen equipo.

En fin, no te cuento esto para presumir de éxitos profesionales. Lo comparto porque me parece curioso cómo la vida te sorprende.

Sorpresas te da la vida, que decía Rubén Blades a Pedro Navaja. Y la verdad es que me siento muy orgulloso de que *El cerebro de la gente feliz* haya ayudado a tantas personas a entender qué es la ansiedad y cuál es la mejor manera de superarla.

Hace unos meses, deambulando por Barcelona, me crucé con Laura, la editora de *El cerebro de la gente feliz*. No recuerdo a dónde iba, quizá a algún acto relacionado con los libros, quién sabe. No sé por qué, al saludarla le solté: «Oye, ¿cuándo hacemos la segunda parte de *El cerebro*?» (siempre lo llamamos así, *El cerebro*, con cariño). Es curioso porque creo que nunca lo había pensado de verdad, me salió así, de golpe. Seguro que el típico gurú me diría que lo canalicé. Piensa lo que quieras. La cuestión es que aquí estamos, empezando esta segunda aventura juntos.

Meses después, en un día soleado que ya anunciaba la primavera, nos sentamos Sara, su bebé y yo en una cafetería para empezar a darle forma al nuevo libro. Bueno, Sara y yo lo intentábamos..., la pequeña, mientras tanto, hacía lo que podía para sabotear la misión, siguiendo fielmente su naturaleza de quien empieza a dar sus primeros pasos en este mundo.

El punto de partida era claro: ¿qué contamos que no hayamos contado ya en *El cerebro*? Sara me dijo que lo tenía clarísimo. Que, desde que salió el primer libro, la pregunta que más le hacían era: ¿cómo es el cerebro de la gente feliz?

Sara me miró y me dijo:

En el anterior libro explicamos cómo salir de la ansiedad. Este es el primer paso para tener un cerebro feliz: reducir aquello que va mal. Ahora podríamos ir un paso más allá. Podríamos contar cómo potenciar todo aquello que le va bien al cerebro, lo que le hace feliz. Esta ha sido tu evolución, Ferran. Primero pusiste toda tu atención en cómo salir de la ansiedad (cómo dejar de ser infeliz) y luego fuiste encontrando tu camino hacia la serenidad (cómo ser feliz). ¡Contemos esta segunda parte de la historia! Y ¡quién mejor que tú para hablar de ello y ponerte de ejemplo! Para mí, ¡tú aquí eres el gran experto!

¡Cómo me quiere Sara!

Sí, lo sé, pero su respuesta me animó a escribir este libro, la verdad sea dicha.

Volviendo a la gran pregunta —«¿cómo es el cerebro de la gente feliz?»—, parece que la gente siempre quiere que le des la fórmula mágica. El truco. El atajo. Como si tuvieras un interruptor escondido en el cerebro que activas y, ¡pum!, ya eres feliz para siempre. Como si hubiera un supersecreto que solo los elegidos conocen y que justo tú se lo vas a contar.

Al principio Sara respondía lo que era su visión de entonces: la respuesta al primer paso para ser feliz, aquello que no puede estar mal en tu cerebro si quieres ser feliz. Lo que se sabe bien, lo prudente. Pero ahora, el escenario ha cambiado, me dijo que ya no respondería de igual modo. Ahora lo veía diferente. Eso sí, me dijo que no me la podía soltar así, a bocajarro. Que esa respuesta hay que leerla con calma, dejar que te cale, hay que vivirla. Y las páginas que siguen son la oportunidad para ello. Ya te digo que este no es un libro para devorar a lo loco, sino para saborearlo. Para ponerlo en práctica y sentirlo.

Este libro no te va a dar ninguna receta mágica. Te va a explicar los neuropoderes que tiene tu cerebro para ser feliz. Y no te asustes con el nombre. No te vamos a decir que los domines todos ni que te obsesiones. Algunos te van a encajar, y otros, pues no. Y no pasa absolutamente nada. Lo bonito es que puedas elegir lo que te hace bien y te sienta bien.

Intentar hacerlo todo, o querer aplicar lo que no es para ti, es justo lo que te puede alejar de la felicidad. Este libro no viene a ponerte más presión. Aquí no queremos venderte «tu mejor versión» ni mierdas de esas que se ponen tan de moda. De hecho, eso es probablemente la mayor trampa de muchos manuales de autoayuda: te convencen de que te falta algo, que no eres suficiente, que te tienes que arreglar. Y claro, al principio te vienes arriba, te motivas, pero, cuando ves que no llegas a la felicidad que te prometieron, acabas sintiéndote culpable, frustrado, agotado. Entonces te dices: «Vaya, me equivoqué, este tampoco era el camino». Y vuelta a empezar. Buscas otra solución fuera. Otro método. Otra persona. Otro libro. Otra técnica. Otra dieta. Otra moda. Y así siempre. En la rueda. Como un hámster, pero con wifi.

Si quieres acercarte a la felicidad, tienes que aprender a poner límites a todo lo de fuera. A bajar el volumen. Porque a veces estamos tan pendientes del ruido de fuera que nos olvidamos de mirar lo que ya tenemos dentro y que funciona, lo que tu cerebro ya sabe (o sabía) hacer, aunque tú ni te hayas dado cuenta.

Este libro va de eso. De mirar dentro. De conectar con lo que ya tienes. De potenciarlo. De darle espacio. Y lo vamos a hacer contándote cómo lo hacen las personas que son genuinamente felices, qué le sienta bien al cerebro, qué necesita de verdad. Pero te lo vamos a contar sin exigencias, sin presiones, sin manuales imposibles. Queremos que desde el primer capítulo te sientas bien. No perfecto. Bien. Tranquilo. Conectado.

Ahora, lo sé. Lo de los «neuropoderes» del título puede que te suene a humo, a cosa de gurús. Lo sé. Me lo decía Sara entre risas: «En neurociencia a eso lo llamamos neuropaparruchas». Me parto con esa palabra. Pero te lo juro: esto no va de neurobasura. Te lo contamos con todo el cariño, con rigor (que para eso contamos con Sara, que es doctora en Neurociencia) y con mucha ilusión. Aquí hay ciencia de la buena. Aquí hay honestidad y, sobre todo, muchas ganas de que empieces a vivir una vida feliz y plena.

No te vamos a repetir el discurso de siempre: haz deporte, come bien, medita, haz yoga... (que, ojo, si te apetece, adelante). Pero no te vamos a decir que, si no haces todo eso, no vas a ser feliz. Porque

¿sabes qué? Una de las cosas que más estrés genera es querer hacerlo TODO.

Te lo digo de verdad: no da la vida. No da la vida para levantarte a las seis, meditar, hacer yoga, prepararte el desayuno eco, comer sano, ser productivo, contestar wasaps, trabajar como un titán, ser el mejor padre, la mejor pareja, hacer cursos, aprender inglés, ir al gimnasio, sociabilizar, subir stories donde parezca que lo petas, ver Netflix, dormir ocho horas y repetir. No somos robots. No tenemos actualizaciones de software cada semana. Y menos mal. El cerebro humano no está diseñado para eso. Ya lo iremos viendo.

Claro que hay hábitos que ayudan. Y hablaremos de ellos en el último capítulo. Pero este libro va un poco más allá. Queremos traerte cosas nuevas. Cosas que se están estudiando ahora y que no suelen salir del mundo académico. Queremos explicártelo fácil para que puedas usarlo en tu día a día.

Por eso hablamos de neuropoderes. Algunos son conocidos, otros sorprendentes. Y lo bonito es que los puedas probar, llevarlos a tu vida y sentir los cambios.

Sara me dijo algo que me llegó al corazón. Después de todos estos años, sigue admirándome. Le flipa cómo, sin darme cuenta, aplico muchos de estos neuropoderes. Por eso tenía sentido que lo contáramos así: yo desde lo vivido, desde la trinchera, y ella desde la ciencia. Como hicimos en el primer libro. Como solo nosotros sabemos hacerlo. Espero que te llegue a ti, que estás ahora mismo al otro lado, abriendo las páginas de esta segunda aventura.

¿Sabes qué? Te voy a confesar algo. Esto de que yo te cuente mis aventuras y que Sara te explique la ciencia que hay detrás... es un poco mentirijilla. Sí, no te voy a engañar, la verdad es que muchas veces escribimos a cuatro manos, como esta introducción. Creemos que aunar las dos miradas puede enriquecer más al lector.

Es un placer volver a darle al teclado contigo, Sara. Y a ti, queridísimo lector, ojalá disfrutes de este libro tanto como nosotros hemos disfrutado escribiéndolo. Empecemos entonces por el principio.

Pero, a ver…, ¿se puede ser feliz?

Durante años, me han hablado de la felicidad como si fuera un lugar al que se llega. Como si existiera un punto exacto donde, de repente, todo se ordena y ya no hay miedo, ni dudas ni ansiedad. Lo he escuchado tantas veces que, por un tiempo, intenté rastrear ese lugar. He pasado años buscando señales, garantías, instantes perfectos que no se rompieran al tocarlos. Pero cada vez parecía estar más lejos.

De pequeño me enseñaron que la felicidad debía sentirse como una conquista, un premio al final de un esfuerzo, una seguridad definitiva. Y, sin embargo, lo que encontraba eran momentos breves, fugaces, que se me escapaban de entre las manos mientras intentaba atraparlos.

La vida seguía avanzando y yo seguía preguntándome: «¿Esto es? ¿Esto es la felicidad? ¿O es solo una pausa hasta que llegue algo mejor?».

Vivimos con la idea de que la felicidad será cuando pase esto, cuando consiga aquello, cuando por fin todo encaje. La felicidad nunca parece estar en el presente, sino que siempre se nos presenta como un después. Como una promesa. ¡Ansiedad a la vista, marinero!

Y entonces, una mañana cualquiera, lo entendí, o más bien lo sentí. Sin que pasara nada especial. Porque sí, muchas veces te iluminas saliendo del baño, no necesitas irte a Bali (te lo digo por si quieres ahorrarte el viaje). Estaba tomando un café en la cocina. Afuera llovía. El ruido de la lluvia llenaba el silencio y de pronto me di cuenta de que no estaba pensando en nada.

No había urgencia.

No había miedo.

Solo estaba ahí, presente.

Y fue en ese instante, casi ridículo por su simpleza, cuando sentí algo que no había reconocido antes: una paz suave, una especie de alegría sin explicación. Recordé ese momento semanas después, cuando volvía a sentirme atrapado en la ansiedad y la búsqueda. Y me pregunté: «¿Por qué no lo he visto? ¿Por qué sigo esperando que la felicidad sea algo más grande, más evidente, más perfecto?».

Quizá la felicidad no es eso que nos contaron.

A lo mejor no es un destino ni una meta, tampoco un estado permanente. Quizá la felicidad no es lo que viene cuando todo está resuelto, porque tal vez nunca todo se resuelve.

Puede que la felicidad es lo que ocurre mientras seguimos intentando resolver, cuando aceptamos que las cosas están incompletas, que el miedo está ahí, que las dudas no se irán, y que, a pesar de todo eso, podemos encontrar belleza, podemos estar con lo que hay en paz.

Recuerdo una vez, poco después de mi divorcio, cuando mis hijas estaban conmigo un fin de semana. Había sido una semana difícil. Estaba cansado, me sentía desordenado por dentro. Estábamos cenando pizza y la conversación no era nada profunda. Mi hija mayor me miró y me dijo: «Papá, hoy ha sido un buen día». Me sorprendió porque desde fuera parecía un día cualquiera, un día sin brillo. Pero para ella ese día había sido suficiente (y en el fondo para mí también). Y entendí algo: muchas veces la felicidad está en esos días que creemos que no cuentan. En las tardes donde no pasa nada especial. En los momentos donde simplemente estamos con las personas que queremos, aunque el mundo siga sin ser perfecto.

La felicidad no es euforia.

No es un aplauso.

No es un premio.

Quizá sea una especie de calma interior.

Una suave sonrisa interna.

Una pausa en medio del ruido. Una conversación sencilla.

Una risa inesperada. Un café mientras llueve. Un «hoy ha sido un buen día» cuando tú ni siquiera te has dado cuenta (o no te has dado el permiso para sentirlo así).

Quizá la felicidad no sea un lugar al que se llega. Tal vez sea un instante (o un estado) que, si tenemos suerte, nos damos permiso de habitar.

Cuando lo entendí, por fin sonreí. No porque hubiera llegado a algún sitio, sino porque, por primera vez, sentí que ya estaba ahí.

Y entonces me pregunté: «¿Podemos aprender a sentir más de esos momentos? ¿Podemos entrenarnos para verlos, para habitarlos, para alargar esos instantes simples que parecen pequeños pero que lo son todo?».

Quizá la respuesta esté también en nosotros. En nuestro cuerpo. En nuestro cerebro. En todo lo que nos configura a nivel neuronal, emocional, físico. Hay más dentro de nosotros de lo que pensamos. Poseemos mecanismos que nos pueden ayudar a ser más o menos felices.

¿Te gustaría tener ese poder?

¿CÓMO ES EL CEREBRO DE LA GENTE FELIZ? O LO QUE ES LO MISMO: ¿QUÉ NARICES PASA AHÍ DENTRO?

Vale, ahora sí, aquí va mi respuesta.

Primero, te voy a dar la primera versión, la antigua pero sensata: el cerebro de la gente feliz es un cerebro en calma, inundado de neuroquímica del bienestar. Si has leído *El cerebro de la gente feliz* ya sabes por dónde voy. Si no lo has leído, no pasa nada, que te lo resumo rapidito.

Cuando hablo de un cerebro en calma, me refiero a que hay ciertas zonas que, si están hiperactivas, te lo van a poner muy difícil para ser feliz. El primer paso es, precisamente, calmarlas, bajarlas de revoluciones.

Se trata de volver a un punto más natural, más saludable. En concreto, hay tres áreas clave (tranqui, si es la primera vez que las oyes no te agobies, a lo largo del libro ya nos haremos colegas de estas palabrejas) que tenemos que mantener a raya. Si no, son las típicas que te pueden secuestrar el cerebro en cualquier momento. Te las presento:

La amígdala – la reina del miedo

Es la jefaza del circuito de supervivencia. Cuando está hiperactiva, te mete en un bucle constante de estrés, ansiedad, enfado, miedo... Tu sistema nervioso simpático (sí, simpático pero poco amigo) se pone a tope, como si estuvieras en peligro todo el rato. Resultado: te pasas el día soltando cortisol, que es la hormona del estrés. Y al final te acabas desregulando y agotando, es decir, te fundes mental, emocional y físicamente.

El núcleo accumbens – el ansioso de la dopamina

Este es el centro del circuito de recompensa. Cuando se activa demasiado, te convierte en un buscador incansable: quieres más, más, más. Nunca es suficiente. Esa ansia que te hace decir «lo necesito ya» es cosa de este colega. Cuando se pasa de vueltas, te empuja a una especie de estado adictivo donde siempre estás persiguiendo la siguiente recompensa. Te da un minisubidón de dopamina puntual, pero a largo plazo te deja vacío. Lo peor: te engancha a buscar la próxima dosis de *lo que sea* para calmarte.

La red neuronal por defecto – la que le da vueltas a todo

Esta es la que se enciende cuando te distraes y tu cabeza se va sola a pensar en el pasado, en el futuro, en lo que tienes pendiente, en lo que no has hecho... Cuando esta red está hiperactiva, entras en bucle. Rumias. Le das vueltas a todo. Esto suele ocurrir cuando las otras dos (la amígdala y el núcleo accumbens) están descontroladas. Tu diálogo interno se llena de preocupaciones y de «tengo que resolver YA». La buena noticia: si calmamos las otras dos redes, esta también suele bajar la marcha.

Cuando digo que el cerebro feliz está «inundado de neuroquímica del bienestar» me refiero al famoso cuarteto de la felicidad, que seguro que te suena: la dopamina, la serotonina, las endorfinas y la oxitocina. Cuando estas sustancias están presentes en buena cantidad, lo más probable es que te encuentres bien, es decir, sientas bienestar, calma, conexión... felicidad.

Vamos por partes. Te explico cada una de estas sustancias y qué podemos hacer para liberarlas, así, fácil y sin dramas.

Empezamos con las endorfinas

Seguro que te suenan porque se hicieron superfamosas gracias a los *runners* (aunque en este ámbito hay otras que han ganado más atención y que después veremos). Las liberas cuando haces ejercicio físico (sobre todo si es aeróbico), cuando te mueves, cuando le das un poco de caña al cuerpo. Ojo, también se liberan cuando realizas actividades que, simplemente, te producen placer. Cosas sencillas: comerte algo dulce, reírte a carcajadas con amigos, darte un masaje, practicar yoga... Vamos, que no hace falta apuntarte a una maratón para sentirlas.

Las endorfinas forman parte de la familia de los opiáceos endógenos. Suena potente, pero lo que significa básicamente es que son sustancias que genera tu propio cuerpo y que te hacen sentir bien.

¿Dónde se liberan? En los centros hedónicos. Que sí, lo sé, suena como un lugar de fiesta. Y un poco lo es, porque son las zonas del cerebro que nos hacen sentir placer. Pero lo más guay es que no solo las endorfinas activan estos centros, resulta que también lo hace el sistema endocannabinoide (tranqui, no hace falta fumarte nada para que funcione). Y aquí aparece la anandamida, que muchos científicos llaman directamente el neurotransmisor de la felicidad. Si te interesa, después te cuento cómo puedes liberar anandamida de forma natural. (Espóiler: es más fácil de lo que crees y mucho más legal de lo que parece).

La dopamina: la que tiene mala fama (pero sin ella no somos nadie)

Vale, la dopamina. Siempre la pintamos como la mala de la película, ¿no? Que si es la culpable de las adicciones, que si se dispara con las drogas, el alcohol, el tabaco, las redes sociales... Y sí, todo eso es verdad, pero, ojo, porque la dopamina no es el enemigo. De hecho, te lo digo claro: sin dopamina la vida pierde color. Las personas que están muy deprimidas, que sienten que no tienen ganas de nada, suelen tener niveles de dopamina muy bajos. Y ahí es cuando la cosa se pone seria.

> Necesitamos la dopamina para tener motivación, ilusión, para sentirnos vivos, para sentir esa chispa de euforia que a veces nos empuja a hacer cosas nuevas.

Lo curioso es que de esto se habla poco, pero la dopamina también es clave para aprender. Sin interés, sin motivación, no hay aprendizaje. Y, por si fuera poco, también la necesitamos para movernos. ¿Sabes quién tiene problemas de movimiento por falta de dopamina? Las personas con párkinson. Sí, su dificultad para controlar el cuerpo está muy relacionada con una caída brutal de dopamina en el cerebro.

Vamos, que la dopamina es mucho más que «la sustancia del vicio». Ya hablaremos de ella más a fondo, pero quédate de momento con esto: la dopamina se libera cuando algo te motiva, cuando haces lo que te apasiona, cuando te entregas a tus hobbies. También cuando comes alimentos ricos en proteínas (especialmente los que tienen tirosina, que es la materia prima para fabricar dopamina), cuando haces ejercicio físico y —esto me flipa— cuando recibes sorpresas.

Sí, sorpresas. Las buenas, las que te llegan sin que te las esperes. Así que... igual te interesa empezar a coleccionar momentos inesperados.

Oxitocina: la hormona que te abraza desde dentro

La oxitocina es lo más. Es la que se libera cuando te abrazan, tienes contacto físico, te conectas de verdad con alguien, compartes un momento íntimo, tienes un orgasmo... La oxitocina te deja en ese estado de calma, de seguridad, de confianza, de «aquí estoy bien, aquí me quedo». Es la hormona que te hace sentir acompañado aunque estés solo. Y por supuesto que se consigue a través de cosas tan sencillas como un buen abrazo. (Espóiler: en este libro vamos a reivindicar mucho el poder de los abrazos).

Serotonina: la que siempre está de fondo

La serotonina está muy relacionada con el estado de ánimo. De hecho, muchos antidepresivos lo que hacen es subir sus niveles en el cerebro.

No todo depende de las pastillas. Se puede aumentar de forma natural, y aquí la alimentación juega un papel clave. Te cuento: casi el 90 por ciento de la serotonina se genera en el intestino. Sí, sí, en la tripa. Así que cuidar lo que comemos importa, en especial los alimentos ricos en triptófano, que es el ingrediente estrella para fabricar serotonina. También la podemos subir descansando bien, paseando por la naturaleza (que el sol te toque la cara) o haciendo cosas que te alegran la vida: leer, escribir, escuchar música... Lo curioso de la serotonina es que, aunque no siempre la notamos de forma explosiva, está ahí, manteniéndonos en equilibrio, sosteniéndonos desde el fondo.

Anandamida: la molécula de la felicidad interna

Vale, ahora viene una de mis favoritas: la anandamida. Me encanta este nombre. En sánscrito significa «amor interno», «felicidad», «beatitud»... Suena a paz, ¿no?

La anandamida forma parte de nuestro sistema endocannabinoide y lo mejor es que podemos potenciarla de forma natural. ¿Cómo? Te dejo unos cuantos ejemplos:

- Tomando aceite de oliva virgen extra.
- Comiendo cacao puro (cuanto más negro, mejor, el de cien por cien es el bueno).
- Dándote un masaje.
- Tomando el sol.
- Haciendo ejercicio que te guste (importante lo de que «te guste»).

Este sistema endocannabinoide es el que ahora se relaciona con el subidón tan increíble que muchas veces se siente después de hacer ejercicio aeróbico.

Así que, ya ves, tenemos dentro de nosotros un sistema brutal para sentirnos bien, para vivir con calma, con conexión, con placer. Solo necesitamos saber cómo activarlo y no perdernos en las trampas del «hazlo todo» que nos vende la sociedad.

¿Cómo es el cerebro de la gente feliz... para mí, hoy?

Vale, te estarás preguntando: «Después de todo esto, entonces ¿qué? ¿Cómo es el cerebro de la gente feliz para ti ahora? ¿Qué ha cambiado desde el primer libro?». Pues un día me di cuenta de que tener los neurotransmisores de la felicidad en sus dosis adecuadas, o que según qué redes neuronales estén activas en sus niveles ideales, tiene más que ver con una *consecuencia* que con la *causa* misma de la felicidad. ¿Cómo llegamos a tener un cerebro feliz? ¿Qué partes nos ayudan a tener un cerebro regulado? ¿Cuáles nos ayudan a sentir satisfacción y bienestar en nuestra vida?

Y para explicártelo bien, me sabe mal decirte que vas a tener que esperar un poquito más. Te prometo que no es por hacerme la interesante, es que la cosa es un poco más compleja. No se puede resumir en dos frases rápidas ni soltarlo como si fuera un tuit inspirador. Quiero que veas la respuesta con calma. Con humor. Con ciencia. Y, sobre todo, con mucho cariño.

El origen de la neurociencia de la felicidad

¿Te has fijado en que la ciencia suele enfocarse sobre todo en curar lo que va mal? Enfermedades, trastornos mentales, patologías físicas... El objetivo principal siempre ha sido resolver aquello que no funciona. Pero ¿no crees que también sería importante estudiar aquello que sí nos funciona? ¿Lo que nos ayuda a estar bien, a florecer, a ser felices?

Ese cambio de mirada comenzó a gestarse no hace tanto. Fue alrededor del año 2000 cuando nació lo que hoy conocemos como psicología positiva (que, por cierto, no tiene nada que ver con el pensamiento positivo simplista de «todo irá bien»).

Uno de los grandes impulsores de esta nueva forma de entender la psicología fue el Dr. Martin Seligman, considerado el padre de la psicología positiva. Él fue de los primeros en estudiar la felicidad desde una perspectiva científica, proponiendo que la terapia no solo debía centrarse en reducir el sufrimiento o los síntomas, sino también en fomentar aquello que nos hace bien, en fortalecer lo que ya está funcionando. Una propuesta tan simple como revolucionaria.

¿Y qué es exactamente la psicología positiva? Es la rama de la psicología que estudia las emociones positivas, las fortalezas del carácter y todos aquellos aspectos que nos permiten experimentar bienestar psicológico y superar las adversidades de la vida. Este enfoque es, de hecho, la base desde la que se empieza a explorar también la neurociencia de la felicidad, o lo que algunos llaman la neurociencia del florecimiento humano. Se trata de una ciencia joven pero con muchísimo potencial.

Como ves, esto no tiene nada que ver con ponerse unas gafas de color rosa y negar la realidad. No se trata de forzarse a estar bien, sino de comprender qué mecanismos mentales, emocionales y neuronales nos ayudan a experimentar más plenitud.

Y ahora que lo piensas..., ¿no resulta sorprendente que la ciencia tardara tanto en interesarse por esto? Durante mucho tiempo, incluso desde la medicina, se ha visto la felicidad como un tema secundario, como algo que vendrá después, si todo va bien. Pero ¿y si la felicidad no fuera solo un resultado, sino también un camino hacia la salud? ¿Y si cuidar lo que nos hace sentir bien fuera también una forma de sanar?

En el ámbito científico, cuando se habla de felicidad, normalmente se hace referencia al bienestar subjetivo, es decir, a cómo cada persona evalúa su vida en términos de satisfacción y plenitud. Y este bienestar no se define solo por la ausencia de enfermedad mental, sino que incluye dimensiones positivas como el sentido vital, las relaciones significativas o la realización personal, entre otros. De hecho, la Organización Mundial de la Salud (OMS) ya en 2014 definía la salud como «un estado de completo bienestar físico, mental y social, y no solamente la ausencia de afecciones o enfermedades».

En nuestro primer libro, nos centramos sobre todo en tratar aquello que nos genera ansiedad, sufrimiento, malestar. En cómo reconocerlo y gestionarlo. En este segundo libro queremos ir un paso más allá. Queremos hablar de todo lo que sí podemos hacer, de todas esas capacidades cerebrales que ya existen en ti y que, si se potencian, pueden ayudarte a ser más feliz.

Quizá, si aún estás atravesando una etapa difícil, este camino hacia la felicidad también te sirva para calmar tu ansiedad o reconectar con la vida, si te sientes algo desconectado de ella.

Eso sí, no pretendemos abarcar aquí todas las dimensiones que podrían aumentar nuestra felicidad. El campo es muy amplio, está en expansión, y aún hay muchas investigaciones en marcha, con resultados variables y complejos. Sería demasiada información y probablemente poco útil. Así que hemos decidido quedarnos con lo esencial. Con aquellas fortalezas que, por un lado, han sido más estudiadas y validadas por la neurociencia, y por otro, que a nosotros más nos están ayudando y que realmente tienen sentido y peso en nuestra experiencia personal. Porque no es fácil hablar con propiedad sobre algo que no se ha vivido.

Cuando Ferran y yo nos pusimos a recopilar todo lo aprendido y experimentado, nos dimos cuenta de que todo giraba en torno a siete factores clave. Siete pilares sobre los que se construye una vida más feliz. Un número bonito, ¿verdad? Estos siete neuropoderes pueden estar más o menos desarrollados en ti. Ya lo irás viendo. Como si fueras un superhéroe —o, mejor dicho, un supercientífico de tu propia vida—, te animamos a explorar, experimentar y descubrir qué puedes activar en ti. Tal vez se abra un nuevo mundo ante tus ojos.

¿Te animas?

Antes de empezar, hay una pregunta que me gustaría hacerte. Una pregunta importante.

¿Qué es ser feliz, realmente, para ti?

Como siempre, una cosa es lo que *deberíamos* sentir, y otra muy diferente es lo que realmente sentimos y pensamos.

Según la neurociencia, comer un dulce debería hacernos sentir placer. Perfecto, sobre el papel suena bien. Pero en la vida real, esto no siempre funciona así. No todo el mundo disfruta comiéndose un dulce, aunque, en teoría, nuestro cerebro está diseñado para que eso nos guste. Por ejemplo, se ha visto que en personas con anorexia el circuito de recompensa del cerebro se activa cuando comen comida sin calorías, lo contrario de lo que el cerebro está programado para disfrutar, a saber, la comida calórica y sabrosa. ¿Y cómo es esto posible?

> Porque hay algo que a veces es más fuerte que nuestra naturaleza interna, más fuerte que las señales que nos llegan del cuerpo. Nuestra mente. Nuestro pensamiento. Nuestra interpretación. La mentalidad puede transformar lo que sentimos.

Una sensación que nos llega desde el cuerpo puede ser reinterpretada por la mente y acabar sintiéndose de otra manera completamente diferente. Siguiendo con el ejemplo, podríamos decir que una persona con anorexia come con la mente, no con el cuerpo.

Te doy otro ejemplo. Hay personas que disfrutan del contacto físico, lo sienten como algo agradable, acogedor, y otras, en cambio no lo soportan. Se sienten incómodas, quizá por experiencias pasadas. Sabemos que para el cerebro el contacto físico es fundamental para sentirnos bien. Sin embargo, al final, las experiencias que hemos vivido nos enseñan qué nos gusta y qué no. Nuestros pensamientos pueden incluso modificar esa respuesta natural.

Con la felicidad... pasa exactamente lo mismo.

Este libro te va a contar cómo está diseñado el cerebro —de base— para que podamos ser felices, aunque es posible que haya aspectos que no encajen contigo. *Deberían* sentarte bien, pero a ti no te funcionan. ¿Por qué? Porque tu mentalidad juega un papel clave. O sea, que tus creencias sobre la felicidad pueden acercarte o alejarte de ella.

Por eso quería empezar por aquí. Para cuestionarnos. Para invitarte a observar. Para que te preguntaras lo siguiente: ¿qué imagen, qué perfil, qué persona te viene a la mente cuando piensas en alguien feliz? ¿Y por qué?

El otro día un amigo me habló de un libro que se estaba leyendo, cuyo título me hizo muchísima gracia: *Hasta los cojones del pensamiento positivo.* Me decía que esta tendencia de tener que estar siempre en estado positivo, primero agota, y segundo nos está deshumanizando.

Tiene razón. Si solo nos permitimos mostrarnos bien —en nuestras redes sociales, con los amigos, con la pareja, con los hijos—, ¿qué hacemos con las personas que no están bien? ¿Qué hacemos con nosotros mismos cuando no estamos bien? Cuando contenemos nuestro malestar, cuando lo escondemos, cuando impedimos que los demás lo vean (o incluso cuando evitamos verlo nosotros mismos), cuando nos rechazamos por sentirnos mal..., ahí estamos plantando la semilla de la infelicidad.

Más adelante te contaré por qué pasa esto. Y también veremos por qué, aunque nos lo repitan por activa y por pasiva, el pensamiento positivo no siempre funciona. No es porque no lo estemos *haciendo bien*, sino que muchas veces no funciona. Punto.

¿Qué pasó con permitirnos pasarlo mal cuando lo estamos pasando mal? ¿Qué pasó con aquello de acoger a un amigo con ternura cuando no está bien? Ojo, no se trata de regodearnos en el sufrimiento ni de permitir que alguien viva instalado permanentemente en la queja. Tampoco vamos por ahí. A veces las expectativas sobre cómo deberíamos sentirnos o cómo deberíamos ser (siempre felices, siempre positivos) son precisamente las que no nos dejan ser felices.

Expectativas sobre la felicidad

¿Sabías que, según la parte del mundo donde vivas, la idea de cómo conseguir la felicidad cambia? En culturas más individualistas (como la nuestra), por ejemplo, se suele creer que la felicidad se consigue aumentando la autoestima y el bienestar personal, sin pensar tanto en el grupo, en la comunidad. En cambio, en muchos países asiáticos se cree que la felicidad está en la calma, en la serenidad, en las emociones de baja excitación, mientras que en las culturas occidentales se valora mucho más estar alegre, entusiasta, con subidón todo el rato.

Tenemos expectativas. Expectativas que hemos aprendido. Expectativas sobre cómo deberíamos ser si queremos ser felices.

Cuando piensas en una persona feliz, es posible que te imagines alguien que siempre está sonriendo, que tiene mucho éxito, o alguien que es muy zen, que te mira con esa calma que parece que nunca se le acaba.

Pero ¿y si ya somos felices y no lo sabemos? ¿Y si no lo sentimos porque no lo estamos viviendo como se supone que deberíamos vivirlo?

Ya sé, me pongo un poco filosófica, pero creo que está bien que nos lo preguntemos. Así que ¿cómo te imaginas a ti mismo siendo feliz? ¿Cómo te imaginas que *debería* ser la felicidad? Cierra los ojos y piénsalo.

En mi caso, me acuerdo de que durante mucho tiempo pensaba que sería feliz cuando me convirtiera en una superyogui. Me imaginaba siempre en calma, siempre con la sonrisa en la boca, siempre zen... Primer espóiler: nunca pasó. Segundo espóiler: menos mal.

¿Qué había de malo?

Mi creencia sobre que ser feliz era estar en calma todo el tiempo. Tenía un conflicto interno, una lucha con mi autoexigencia de que mi felicidad tenía que encontrarla por este camino sí o sí, cuando sabemos que estar siempre en el mismo estado es una utopía y tampoco es lo que necesitamos. Es importante que nuestro sistema nervioso sea flexible y se adapte a cualquier situación. Buscar la felicidad o la regulación emocional no es ser como Buda y estar todo el tiempo en calma, sino saber transitar cada estado (de estrés, de tristeza, de alegría...) sin quedarte atrapado en ninguno de ellos. Pero de eso ya hablaremos más adelante.

De lo que se trataría es de dejar que las emociones fluyan por nosotros sin querer cambiarlas. Cuando esto ocurre las emociones entran y salen sin quedarse estancadas o contenidas en nosotros. Si yo quiero siempre estar en calma, pero por dentro estoy muy enfadada por algo que me ha pasado, estaré conteniendo lo que está sucediendo en este instante. O si estoy nerviosa por dar una charla o una clase, pero hago ver que estoy estupenda y en calma, estoy evitando sentir lo que realmente está sucediendo en mí.

Como veremos, evitar sentir o pensar aquello que está sucediendo ahora hace que esta emoción o pensamiento regrese con más fuerza.

Cada receta de la felicidad es única

Cada persona tiene su propio camino. Cada uno encuentra la felicidad por rutas diferentes. Lo que sí te puedo recomendar es esto: mantente abierto. Experimenta. Prueba. Siente de verdad qué es lo que te sienta bien a ti. No te obsesiones con buscarla solo donde te dicen que está.

Este libro no viene a darte la receta mágica. Lo que queremos es mostrarte ingredientes diferentes, maneras distintas de acercarte a la felicidad, para lo que estudiaremos el cerebro de personas que dicen sentirse felices.

La ciencia ha probado que, si ponemos en marcha estas habilidades, cualquier persona puede ser (más) feliz.

La idea es que tú puedas probar, experimentar y elegir lo que te funcione. Esto es, tú eliges qué ingredientes quieres para preparar tu plato favorito. Porque la receta la creas tú.

Solo te pido una cosa: ábrete. Siente. No te quedes solo en la cabeza.

He escuchado muchas veces frases como estas: «No me dejo ser feliz», «Me saboteo a mí mismo». Y muchas veces eso es lo que ocurre, que la mente impide que sientas las cosas como realmente son.

Así que ahora te hago una pregunta muy sencilla: ¿estás realmente abierto a probar cosas nuevas sin juicio?

No hace falta que me respondas con un sí rotundo. Puedes empezar con pasitos pequeños que tú sientas que, por ahí, sí.

¿Quieres saber cuáles son esos pasos? ¿Quieres descubrir cuáles son los neuropoderes que podemos poner en marcha?

¡Pues allá vamos!

CAPÍTULO I

¿Ser feliz es sentir placer?

Placer no es lo mismo que felicidad

¿Te lo has preguntado alguna vez? ¿Tú qué dirías? Este tema me obsesiona. También he ido a por el último iPhone buscando felicidad. Creo que vivimos persiguiendo placeres: un café, una risa, una compra, un beso, una notificación, una copa de vino. No está mal: gustan y calman. Pero placer no siempre es felicidad.

El placer es rápido, un fogonazo: llega, brilla y se va, y cuando se va queremos otro. A veces confundimos intensidad con felicidad, como si más placer fuera igual a más bienestar. No va así: el placer llena, pero no sostiene; entretiene, pero no acompaña.

La felicidad es más silenciosa: menos espectacular, más estable y profunda. Me gusta pensar que el placer vive en el cuerpo, y la felicidad, en cómo habitamos la vida. El placer sería el postre; la felicidad, tener hambre de vivir incluso sin postre.

Mis momentos más felices no suelen ser los más placenteros, sino los más honestos y simples, los que no necesitan ruido. El placer te hace sentir bien ahora; la felicidad te da ganas de seguir.

Nuestro cerebro no siempre distingue: persigue placer como atajo a la felicidad y se pierde en la búsqueda. Por eso creo que podemos entrenarlo: disfrutar sin obsesionarnos, encontrar satisfacción en lo simple y escuchar la felicidad cuando susurra, no solo cuando grita.

¿Te gustaría distinguir entre placer y felicidad… y construir esta última sin correr detrás del primero todo el tiempo? Pues sigamos estudiando el cerebro.

Déjame hacerte una pregunta: ¿comprarte un traje bonito, beberte una buena copa de vino o comer en un buen restaurante son cosas que haces para sentirte mejor? Y lo más importante: ¿de verdad te hacen sentir mejor?

Muchas veces pensamos que la felicidad está ahí. Cuantos más placeres podamos darnos, más felices seremos. Más viajes, más ropa, más cenas, más cosas. Más, más, más.

Es evidente que estas cosas nos hacen sentir bien, sería absurdo negarlo. El tema es: ¿eso nos hace realmente felices a largo plazo?

Aquí Aristóteles ya tenía algo que decir. El tío lo vio claro hace más de dos mil años. Decía que la verdadera felicidad no depende solo de los placeres momentáneos. Para él, la felicidad de verdad —lo que él llamaba eudemonía— se alcanza cuando vivimos con propósito, con coherencia, cuando nos sentimos bien con quiénes somos, cuando nuestras acciones tienen sentido.

El placer hedónico —ese que viene de las cosas sensoriales, inmediatas, el gustazo rápido— no es suficiente por sí solo. Está bien, por supuesto que sí, pero no es lo único.

> Lo que nos llena más a largo plazo es ese bienestar eudaimónico, ese sentir que estamos a gusto con nuestra vida, con lo que hacemos, con lo que aportamos al mundo, con nosotros mismos.

Y lo bonito es que la neurociencia moderna le da la razón a Aristóteles, si bien no lo denomina eudemonía, sino florecimiento humano o prosperidad, pero el concepto es el mismo. Los estudios nos dicen que las personas más felices no renuncian a los placeres hedónicos (ni falta que hace), sino que también experimentan un bienestar mucho más profundo. Se sienten satisfechas con su vida que ven alineada con sus valores. Encuentran propósito en lo que hacen.

> La felicidad no va de elegir entre la hedonia o la eudemonía, sino que va de saber disfrutar ambas.

De hecho, hay algo muy curioso y muy serio: uno de los rasgos más típicos en personas con depresión es que son incapaces de sentir placer. A eso se le llama anhedonia. El cerebro distingue entre dos tipos de placer: el placer hedónico rápido y ese otro placer más profundo, más estable, esa sensación interna de bienestar duradero y de satisfacción vital. No es lo mismo comerte un pastel por impulso que saborearlo de verdad. No es lo mismo llenar tu agenda de planes que sentirte en paz con la vida que estás construyendo.

Aunque a veces uno se entrelaza con el otro.

No obstante, antes de hablar bien del placer, tenemos que hablar de lo que viene antes, lo que pone todo en marcha: el deseo.

Deseo, placer hedónico y felicidad

Desear es vital. Y, ojo, no es lo mismo placer que deseo. Podemos desear muchas cosas y luego, cuando las conseguimos, darnos cuenta de que..., meh, tampoco era para tanto. Me puede apetecer muchísimo ese pastel que veo en el escaparate, pero luego lo pruebo y pienso: «Pues vaya, me lo esperaba mejor». Puedo desear mucho a alguien, y luego estar en la cama con esa persona y no sentir lo que imaginaba. ¿Te ha pasado? A mí sí.

Para el cerebro, entonces, placer y deseo son dos cosas distintas.

Cuando hablamos de deseo, hablamos de dopamina, que activa el circuito de recompensa (sí, el núcleo accumbens que ya conocemos).

El placer, en cambio, viene principalmente de los opiáceos endógenos (como las endorfinas) y del sistema endocannabinoide (ya te suena, ¿eh?). Lo más bonito es que el placer está conectado con las funciones básicas que necesitamos para sobrevivir, como individuos y como especie. Si no sintiéramos placer, no buscaríamos lo que nos mantiene vivos.

Piénsalo. ¿Cuándo sientes placer?

Si te pregunto qué te da placer, ¿qué me responderías?

El placer hedónico es ese motorcito que nos empuja entre correo y correo. Yo creo —sin ningún *paper*, pero muy testado en mí— que todos necesitamos microplaceres para no volvernos locos.

A mí me vale lo sencillo: el primer café del día es paz líquida; ese silencio y olor a tostado que te susurra: «Hoy sobrevivimos». Luego están los placeres absurdos: una ducha caliente tras un día horrible, un chiste malo a destiempo, aparcar a la primera. Neurociencia de bolsillo.

¿Dulces? También. Un dónut de chocolate a media tarde tiene más poder terapéutico que muchos pódcasts. Y sí, a veces cae un like de Instagram: azúcar emocional; un poco anima, demasiado te deja vacío.

En el fondo, estos placeres nos recuerdan que estamos vivos. No todo tiene que ser trascendencia y postureo zen: a veces basta un café, pan caliente y una risa inesperada. Intento no depender de ellos para ser feliz, pero tampoco renuncio a ellos. Porque si la vida va en serio..., pues que tenga postre.

Pues no vas desencaminado del todo, Ferran. El caso es que sentimos placer cuando comemos, bebemos, tenemos sexo, nos relacionamos con otras personas... Si no sintiéramos placer, no tendríamos ninguna motivación para ir a por esas cosas. Imagina que te diera pereza beber o comer..., acabarías muerto. O imagina que tener sexo no diera placer..., lo más seguro es que la especie humana ya se hubiera extinguido.

Así que el cerebro —que es un crack— diseñó un mecanismo genial: el deseo. El deseo es lo que te hace levantar del sofá y ponerte en marcha para buscar lo que te da placer.

El deseo es lo que te hace repetir esas cosas que te sientan bien.

El deseo es la gasolina.

Y cuanto más deseamos, más dopamina liberamos.

Se han hecho estudios curiosísimos. Si a las ratas se les suprime la producción de dopamina, ellas siguen sintiendo placer cuando, por ejemplo, beben agua azucarada (que les encanta, se relamen los bigotes y todo), pero ¿sabes qué pasa? Que ya no se esfuerzan por ir a buscarla. Es decir, el placer sigue ahí, pero desaparecen las ganas de conseguirlo.

En cambio, si les aumentas la dopamina, se vuelven adictas a darle a la palanca que les proporciona esa agua azucarada. No paran. Se vuelven incansables para conseguir su recompensa.

Algo parecido ocurre con las personas con párkinson que son tratadas con L-Dopa (un fármaco que aumenta la dopamina). Se ha visto que, con este tratamiento, muchas de ellas muestran una motivación compulsiva por ciertas actividades. Un estudio reveló que las personas que tomaban L-Dopa hacían apuestas mucho más arriesgadas que las que tomaban placebo. Lo curioso es que ambos grupos —los que tomaban L-Dopa y los que no— reportaban niveles similares de placer. Es decir, se sentían igual de felices, independientemente de la dopamina que tuvieran en el cerebro.

Entonces ¿qué significa esto?

> Que la dopamina aumenta las ganas de conseguir algo, pero el disfrute real no aumenta cuando lo logras.

En resumen, la dopamina está detrás del deseo, no del placer. Y aquí está la clave.

La dopamina es futuro, anticipa el placer, no es presente, no saborea lo que hay. La dopamina es imprescindible, es necesaria para la felicidad, pero no es suficiente.

Gracias a ella no nos da pereza hacer todas esas cosas que necesitamos para sobrevivir y sentirnos bien. ¡Eso es genial! Pero existe un pero...

La trampa del deseo

El deseo es brutal, pero también tiene su trampa.

La dopamina es una pasada porque nos pone en marcha, nos motiva, nos empuja a buscar los placeres, pero tiene su lado oscuro (como casi todo en la vida).

El problema surge cuando liberamos demasiada dopamina, ya que podemos acabar enganchados y, paradójicamente, podemos terminar agotados y vacíos.

Muchos científicos dicen que el lema de la dopamina es: «¡Quiero más!». Cierto, es insaciable. Y, ojo, no hay nada malo en disfrutar de los placeres. El tema es que hoy en día los placeres que más consumimos no son precisamente los más sanos. Los placeres que nos ofrece «el mercado» —los fáciles, los que tenemos al alcance de un clic— hacen que nuestros niveles de dopamina se disparen de forma artificial. Son picos exagerados, muy por encima de lo que sentiríamos con placeres más naturales.

Te lo explico fácil. No es lo mismo beber un vaso de agua que tomarte una copa de alcohol. No es lo mismo comer comida casera que zamparte comida procesada o ultraprocesada.

> No es lo mismo leer un libro que hacer scroll infinito en Instagram. Los placeres naturales liberan dopamina, sí, pero de manera más equilibrada. Los placeres artificiales te dan un chute desproporcionado.

Y, claro, ¿qué pasa? Pues que nos acabamos enganchando justo a esos: a los dulces, a los procesados, al alcohol, a las redes, a las recompensas rápidas. ¿Por qué? Porque son accesibles, inmediatos y elevan muchísimo nuestro deseo.

Existe un detalle que no siempre nos cuentan, y es que la dopamina tiene un pequeño hándicap: nos acostumbramos muy rápido a ella. El primer día que pruebo un pastel nuevo, mi cerebro hace fiesta: ¡dopamina a tope! Pero si me lo como todos los días, el cerebro se aburre, y la dopamina que se libera es cada vez menor (es lo que se denomina *desensibilización dopaminérgica*). Esto es exactamente lo que pasa con las drogas: cada vez necesitas más cantidad para sentir lo mismo.

La dopamina funciona con una regla sencilla pero muy tramposa: solo se libera con fuerza cuando la realidad supera lo que esperabas. A esto me gusta llamarlo un *error feliz*.

Si pensabas que ibas a sacar un seis en un examen y de repente sacas un diez... ¡error feliz! Ya tienes ahí tu subidón de dopamina.

Si abres Instagram esperando diez «me gusta» y te encuentras con cincuenta... ¡error feliz! Otro subidón de dopamina.

Pero, ojo: si obtienes exactamente lo que esperabas... nada. Y si obtienes menos de lo que esperabas... bajón.

En la monotonía no hay dopamina. Si no hay sorpresas, no hay errores felices. Por eso buscamos la novedad. La dopamina vive dentro de las sorpresas. Vive para lo inesperado. Vive para lo nuevo.

Y aquí viene la gran idea:

> Desear menos nos hace más propensos a tener más errores felices. Si esperas menos, te sorprendes más. Y cuanto más te sorprendes... más dopamina buena, más alegría, más chispa. Así que tal vez desear menos te puede hacer más feliz, ¿no crees?

Tú, Ferran, ¿cómo lo ves? ¿Crees que es mejor desear menos? Ojo, no quiero decir que desear sea malo. Ya hemos visto que es algo vital, que nos motiva, pero quizá todo en su debida medida, ¿no crees?

Pues no tengo ni idea, pero mi experiencia en la vida me dice que muy posiblemente desear es lo que nos mueve. Los deseos nos despiertan, nos empujan, nos dan dirección. Pero también pienso que los deseos, cuando se multiplican demasiado, pueden volverse cadenas.

Desear menos suena, a veces, a resignación. Como si nos estuviéramos diciendo: «Mejor no espero mucho, así no me duele».

No creo que desear menos sea apagar la vida, sino aprender a desear mejor. No se trata de llenarnos de deseos automáticos, de perseguir cosas que no nos importan, de confundir lo que queremos con lo que nos dijeron que deberíamos querer.

Creo que cuando acumulamos deseos sin pensar, la cabeza se llena de ruido. Queremos más, más, más..., pero ni siquiera sabemos PARA QUÉ. Y entonces vivimos en deuda con nosotros mismos, como si siempre faltara algo.

Pienso que desear menos no es tener menos sueños, sino tener deseos más propios. Más conscientes. Menos cantidad y más calidad.

A veces pienso que desear menos nos ayuda a estar más presentes y a dejar de correr todo el tiempo detrás de lo que no tenemos y empezar a cuidar lo que sí tenemos.

No se trata de dejar de soñar. Se trata de elegir qué sueños valen la pena. Toca preguntarse: «¿Esto lo quiero yo, o lo quiero porque me lo vendieron?».

Pienso que el deseo, cuando es real, cuando es sincero, cuando no es prestado..., nos acerca, nos conecta, nos da fuerza. Pero cuando es automático, cuando es por inercia, cuando es por comparación..., nos agota.

Y me sigo preguntando cómo serían nuestros días si aprendiéramos a desear menos, pero desear mejor. ¿Y qué pasa si esos pocos deseos *buenos* que tienes... nunca se hacen realidad?

Esto es una posibilidad real. No todos los deseos se cumplen. Algunos de los más profundos, los más sentidos, los más tuyos... puede que nunca lleguen. Y eso duele.

Pienso asimismo que desear no es solo una forma de llegar. Es también una forma de vivir.

Pienso que un deseo auténtico te transforma aunque no se cumpla. Te da dirección. Te revela lo que es importante para ti. Te hace elegir. Te hace caminar. Y aunque el deseo no llegue a su destino, el camino que recorres por él... te cambia.

Pienso que la vida no nos debe nada. Pero cuando deseamos desde un lugar sincero, sin obsesión, sin apego, sin exigencia..., ese deseo ya nos regala algo. Nos pone en movimiento, nos conecta con lo que somos.

Y entonces me digo: si esos deseos *buenos* no se cumplen, al menos que me encuentren viviendo con coherencia. O sea, deseando desde la verdad y habitando mi vida con la esperanza abierta, pero con los pies en la tierra.

La trampa del más

Hoy en día se habla mucho de las llamadas personas dopaminérgicas. Son personas que viven buscando siempre más: más sorpresas, más errores felices, más placeres nuevos, más estímulos que les hagan sentir... más.

Y, ojo, no es que sea malo ir en busca de cosas nuevas. El problema surge cuando solo buscas ahí la felicidad, cuando vives enganchado al más, cuando sientes que nada es suficiente.

Un ejemplo muy típico es el de las personas enamoradizas. A veces dejan a sus parejas no porque no las quieran, sino porque están enganchadas al subidón inicial, a la chispa del principio. Buscan la emoción, el deseo, la excitación de la dopamina. Piensan que con otra persona el sexo será mejor, el deseo será más intenso, la conexión será más fuerte..., y vuelta a empezar.

A mí me pasaba sobre todo con el trabajo. Por mucho que me gustara lo que hacía, cuando llevaba tiempo en un mismo sitio, necesitaba cambiar. No soportaba lo de siempre, lo estable, lo monótono. Lo mismo les pasa a muchas personas viajeras. ¿Conoces a alguien que siempre está cambiando de ciudad, de país, de destino? Son personas que se aburren del mismo sitio y necesitan moverse constantemente.

¿Sabes qué hay detrás? Exacto: adicción a la dopamina. El aburrimiento, la monotonía, no generan dopamina. Y cuando no hay dopamina, el cerebro se desespera como un adicto buscando su droga. Por eso se lanzan a la busca de otra ciudad, otro trabajo, otra pareja, otra actividad, otra vida. Eso sí, siempre buscando fuera, ya que sienten que lo que tienen no es suficiente, que lo que viene será mejor, que lo siguiente será «lo bueno». Y eso te atrapa en la trampa del más.

> Como siempre, nada es blanco o negro. Ya vimos que en el cuarteto de la felicidad también está la dopamina. Es un neurotransmisor necesario que nos da motivación, chispa, ganas de vivir. También es clave para aprender, movernos, estar activos. El problema, como casi siempre, es el exceso.

Si estamos todo el día haciendo cosas que nos disparan la dopamina al máximo, aparte de volvernos adictos, también nos vaciamos. Entonces aparecen las sensaciones de agotamiento, cansancio, vacío. El cerebro se queda seco, sin gasolina. Y lo notas. Cuando tenemos niveles bajos de dopamina, y también de noradrenalina (que es la que nos mantiene atentos y enfocados), una zona clave del cerebro empieza a desconectarse: la corteza prefrontal. Es nuestra parte más racional, la que nos ayuda a planificar, a tomar buenas decisiones, a regularnos, a pensar con perspectiva. Nuestra *sede central*.

Cuando esta parte se debilita, otras zonas del cerebro toman el control con facilidad. Puede secuestrarnos la amígdala (ya sabes, la jefa del miedo) o el circuito de recompensa (el núcleo accumbens, el que siempre quiere más). Cuando eso pasa, dejamos de pensar, de decidir, de actuar con intención. Nos dejamos llevar por impulsos, por emociones, por lo que nos sale sin filtrar. Oye, no suena tan grave…, pero claro, si la amígdala o el núcleo accumbens están desbocados, la cosa no pinta tan bien.

CUANDO EL «MÁS» ACABA CONVIRTIÉNDOSE EN «LO DE SIEMPRE»

Vamos aquí a ahondar más en lo que hemos comentado de que el cerebro se acostumbra rápido a todo. Por eso me gustaría preguntarte: ¿Te ha pasado alguna vez que consigues algo que creías que te haría inmensamente feliz…, pero al poco tiempo vuelves a sentirte como antes?

Si tu respuesta es afirmativa, que sepas que no estás solo: nos acostumbramos muy rápido a todo, tanto a lo bueno como a lo malo.

Por ejemplo, incluso algo tan extraordinario como ganar la lotería puede, en cuestión de meses, dejar de tener impacto en tu nivel de felicidad. Curiosamente, también sucede lo contrario: personas que han pasado por enfermedades graves o accidentes importantes al cabo de un tiempo tienden a recuperar su nivel habitual de bienestar emocional (o al menos niveles de felicidad superiores a los iniciales).

Este fenómeno se conoce como adaptación hedónica: la tendencia del ser humano a volver a un punto de equilibrio emocional tras experimentar grandes cambios —ya sean positivos o negativos—. Es como si tu felicidad tuviera un *termostato interno* que siempre te devuelve al mismo estado base, por muy arriba o muy abajo que hayas estado.

La teoría fue propuesta por Brickman y Campbell en 1971 y desde entonces se ha convertido en uno de los pilares más citados en el estudio de la felicidad. Pero tiene un lado un poco desalentador: según este planteamiento, por mucho que te esfuerces en mejorar tus circunstancias o alcanzar grandes metas, siempre acabarás volviendo a tu línea basal de felicidad. Como si todo esfuerzo por ser feliz estuviera condenado al fracaso.

Ahora bien, hay un matiz importante: cuando estos autores hablaban de ese «retorno al punto de partida», lo hacían refiriéndose principalmente a experiencias hedónicas, aquellas que vienen de fuera, principalmente impulsadas por la dopamina. Ya sabes: el subidón de una relación apasionada, la emoción de comprarte algo nuevo, la euforia de lograr un gran éxito...

Como dijimos, el problema es que el cerebro se desensibiliza rápidamente ante estos estímulos. Se acostumbra al nivel de dopamina liberado y, al poco tiempo, necesita más para volver a sentir lo mismo.

Esta teoría apoya la idea de que la felicidad no depende de las circunstancias externas, de lo que nos sucede. Lo hemos oído muchas veces: hay personas con mucho dinero que se sienten vacías y otras con problemas de salud que, sorprendentemente, mantienen una actitud positiva y alegre.

Un estudio liderado por Ed Diener y su equipo mostró que factores externos como el dinero solo explican un 13 por ciento de la felicidad. El atractivo físico también puntuó bajo, y otro estudio realizado por Okun y colaboradores encontró que la salud física influía tan solo en un 10 por ciento del bienestar subjetivo reportado.

> En conjunto, estas variables externas apenas llegan a representar un 20 por ciento (como mucho) de nuestra felicidad total. El resto depende de otras cosas… más internas, más profundas, más duraderas. Y es justo ahí donde vamos a seguir explorando.

Aunque hay artículos que muestran que la adaptación hedónica no siempre se cumple (sobre todo en lo relacionado con las relaciones sociales) o que no se aplica igual a todo el mundo (ni en todos los ámbitos de la vida), esta teoría nos ayuda a entender por qué no siempre encontramos la felicidad en el mismo lugar.

Cuestiones como ganar la lotería, operarte, casarte o comprarte un piso más grande pueden darte un subidón temporal..., pero ese efecto se desvanece con el tiempo. En cambio, trabajar en tus fortalezas personales, tus relaciones, llevar una vida con sentido y propósito, como veremos, sí tiene el potencial de modificar tu felicidad a largo plazo.

El cerebro va en busca del placer y huye del dolor

Hemos hablado mucho del placer, pero también hay mucha tela que cortar con el tema del dolor.

A veces, por no sentirnos mal, nos montamos toda una colección de estrategias:

Ir a la nevera cada vez que estamos tristes.

Fumarnos un cigarro «para despejarnos».

Bebernos una copa «para ahogar las penas».

Buscar cualquier recompensa inmediata que nos haga anestesiar ese malestar.

Cuando sentimos placer, se liberan principalmente los opiáceos endógenos. Y aquí te cuento algo que aún no te había dicho. Estos opiáceos no solo generan placer, también tienen otra misión: reducir el dolor. Son analgésicos naturales.

Y cuando hablo de dolor no me refiero solo al físico, a cortarte con un cuchillo o romperte una pierna, por ejemplo. El dolor también puede ser emocional. Esas emociones incómodas que a veces no queremos sentir: tristeza, soledad, rechazo, vacío... Y aquí viene algo brutal:

> Las mismas zonas del cerebro que se activan cuando sentimos dolor físico se activan también cuando sentimos dolor emocional.

Son muchos los estudios que han demostrado que estas partes (la corteza cingulada anterior y la ínsula) se activan sobre todo cuando nos sentimos rechazados, cuando no encajamos en un grupo, cuando nos sentimos solos.

El cerebro no distingue entre que te dejen fuera de un plan y que te des un golpe en la espinilla. El dolor es dolor. Y el placer, como buen analgésico, lo alivia. Sentir placer, por tanto, reduce tanto el dolor físico como el emocional.

Por otra parte, estas recompensas inmediatas son una fuerte distracción, que nos ayuda a no sentir el dolor. Así que aquí se junta todo: el hambre con las ganas de comer, el deseo con la necesidad de tapar el dolor.

> Las gratificaciones instantáneas —y las pequeñas (o grandes) adicciones— nos enganchan porque nos provocan deseo (y casi siempre placer) y, al mismo tiempo, nos anestesian del dolor (o nos distraen temporalmente de él).

Engancharnos a las gratificaciones instantáneas, aunque sea solo por un rato, es algo que hacemos todos porque, al final, el cerebro solo quiere eso: sentirse bien y dejar de sentirse mal. La cuestión es cómo lo hacemos. Y de eso seguiremos hablando en el próximo capítulo.

Sentir placer: ¿sí o no?

Vamos a ponerlo todo en orden, que hemos hablado de muchas cosas.

Detrás del deseo está la dopamina.

Detrás de la dopamina, el núcleo accumbens (clave en el famoso circuito de recompensa, también llamado circuito de motivación o de refuerzo).

Vale, y ¿qué partes se activan cuando sentimos placer como tal?

El placer sensorial se genera en lo que llamamos los centros hedónicos del cerebro o los famosos puntos calientes hedónicos. Son zonas diminutas, repartidas por todo el cerebro (principalmente en el núcleo accumbens y el pálido ventral). Dentro de estos *hotspots* hedónicos del cerebro se encuentran los receptores de opioides endógenos (como las endorfinas) y endocannabinoides (te suena, ¿verdad?).

Por último, existe otra parte del cerebro que es la que toma la última palabra en referencia a si algo nos agrada o no, si lo disfrutamos o no. Según muchos científicos, es clave para nuestra felicidad: la corteza orbitofrontal (que está justo detrás de los ojos y que forma parte de la corteza prefrontal). Se ha visto que cuando hacemos cosas que nos producen placer —como comernos algo rico o escuchar una canción que nos toca por dentro— esta zona también se activa.

No a todo el mundo le gusta lo mismo; según la educación recibida, la cultura o las experiencias vividas, puede gustarte una cosa u otra (de ahí el dicho: «para gustos los colores»). La corteza orbitofrontal, COF, es la que aporta este valor subjetivo a la experiencia placentera. Y no está sola, pero juega un papel importante.

Además, esta parte del cerebro está muy relacionada con la regulación emocional y la inhibición de conductas. Necesitamos que esté bien activa para no desbordarnos emocionalmente ni desconectarnos.

El placer, bien gestionado, puede ayudar a equilibrarnos. Y una buena regulación emocional es clave para no vernos adictos a los placeres.

Como dijimos, el placer no es el enemigo. El problema es la dependencia. Esta muchas veces se genera cuando usamos el placer como una vía de escape para no mirar ciertas emociones incómodas.

Queremos una vida donde los placeres hedónicos también estén presentes. Y si son placeres más saludables —los que activan estos opiáceos de forma natural—, pues mucho mejor.

No se trata de demonizar el placer hedónico, puesto que es un ingrediente clave para una vida feliz. De hecho, es un protector de la salud mental. Pero no es suficiente por sí solo. Para disfrutar de una vida plena, los estudios nos dicen que también necesitamos del placer eudaimónico, que es el que te da sentido, satisfacción vital, conexión profunda con tu vida.

Lo ideal no es renunciar a uno ni obsesionarse con el otro. Lo ideal es sentir los dos.

Cómo conectar con el placer (y sentirlo de verdad)

Muchas veces vivimos rodeados de placeres, pero desconectados de ellos. Vamos tan rápido que ni los sentimos. Consumimos sin habitar. Probamos sin saborear.

No es que nos falte placer, sino que a veces no estamos presentes cuando sucede. Buscamos más la cantidad que la calidad.

Por eso me pregunto: ¿qué podemos hacer para sentir más placer, para vivirlo mejor, para disfrutarlo de verdad?

No tengo respuestas absolutas, pero pienso que algunos hábitos ayudan. Por ejemplo:

1. Hacer las cosas más despacio.
   Cuando vamos rápido, pasamos por el placer sin verlo. Un café que tomamos en dos minutos no se disfruta igual que uno al que le dedicamos cinco. No se trata de hacer todo lento, sino de dar tiempo a lo que queremos sentir.

2. Poner el cuerpo, no solo la cabeza.
   A veces siento que vivimos tan enredados en nuestros pensamientos que no dejamos que el cuerpo experimente el momento. Respirar, mirar, tocar, escuchar, saborear… Estar en el cuerpo ayuda a que el placer sea real y no solo imaginado.

3. Bajar las distracciones.
   Cuando estamos en mil cosas, no estamos en ninguna. Ver el móvil mientras cenamos, responder mensajes mientras caminamos, hacer todo en modo automático... nos aleja del placer. Menos pantalla y más presencia marca la diferencia.

4. Buscar placeres sencillos.
   Creo que los placeres hedónicos no siempre tienen que ser actos grandes. Una ducha caliente. Una conversación sin prisa. Un postre que te gusta. Una canción que te acaricia. A veces los placeres más pequeños son los que más sostenemos si aprendemos a valorarlos.

5. Entrenar la atención.
   La atención es como un músculo. Cuanto más la entrenas, más capaz eres de notar lo que está pasando. El placer está ahí, pero no lo vemos porque mentalmente estamos en otro sitio. Volver al momento ayuda. Volver al cuerpo ayuda.

6. Permitirse sentirlo.
   A veces creo que sentimos culpa cuando nos damos placer. Como si no lo mereciéramos. Como si solo se pudiera disfrutar después de cumplir, de producir, de hacer lo que *toca*. Aprender a disfrutar sin culpa también se entrena.

Puedes empezar progresivamente dándote un poco más de espacio, alargar un poquito más ese café de la mañana, mantener un poquito más ese abrazo... Allí donde se sienta bien, darte el permiso para parar y saborearlo (aunque solo sea un poco).

Y me sigo preguntando:

¿Cómo sería nuestra vida si aprendiéramos a conectar más con los pequeños placeres?

¿Me gustaría sentir más? ¿Disfrutar más? ¿Estar más? Yo creo que sí. Y eso se entrena, como todo.

LA FÓRMULA DE LA FELICIDAD

Antes de acabar este capítulo, quizá te estés preguntando: «¿Y si mi cerebro no está hecho para saber disfrutar del placer? ¿Y si hay personas que de manera genética son felices y otras que no?».

Pues bien, quiero decirte que hay investigadores que se han atrevido a estudiar qué factores influyen más en que nos sintamos felices, y uno de los modelos más aclamados es el de la Dra. Sonja Lyubomirsky, experta en psicología social y una de las grandes referencias en el estudio científico de la felicidad. Ella propone que la felicidad (F) está compuesta por tres elementos en distintas proporciones:

1. Un porcentaje genético (G) que no podemos cambiar.
2. Las circunstancias externas (C) que nos rodean.
3. Y por último, lo más importante, nuestra voluntad (V), es decir, lo que hacemos conscientemente para estar bien.

Vamos a ver cada parte con más detalle.

1. Genética (G) – un 50 por ciento

La mitad de nuestra felicidad estaría marcada por nuestra herencia genética, lo que nos han transmitido nuestros padres. Es como si todos tuviéramos un *nivel base* de felicidad desde el que partimos.

Hay personas que, como se suele decir, «nacen con una sonrisa», y otras que, aunque no haya ninguna razón concreta, tienden a ver las cosas con más preocupación o negatividad. No es que estén haciendo algo mal, es simplemente la forma en que su cerebro está configurado de base.

Algunos estudios apuntan incluso a genes concretos que influyen en cómo nos sentimos. Por ejemplo, un gen llamado 5-HTTLPR, relacionado con la serotonina, es un neurotransmisor clave en nuestro estado de ánimo. También se ha estudiado el gen MAO-A, que afecta cómo gestionamos nuestras emociones, el estrés y cómo sentimos placer.

> Aun así, que tengamos esta base genética no significa que estemos condenados a sentirnos de una forma u otra para siempre. Es solo un punto de partida.

2. Circunstancias (C) – un 10 por ciento

Las cosas que nos pasan o que decidimos cambiar en nuestra vida tienen un peso más pequeño del que normalmente creemos. Cambiar de trabajo, mudarte de ciudad, ganar más dinero, encontrar pareja o casarte... Todo esto sí influye, pero menos de lo que pensamos, como ya vimos anteriormente.

Según la investigación de Lyubomirsky, las circunstancias externas representan solo un 10 por ciento de nuestra felicidad (aunque otros estudios sugieren que puede llegar hasta el 20 por ciento). ¿Por qué tan poco?

Como ya vimos, un cambio nos puede hacer sentir euforia o ilusión, pero, con el tiempo, nuestro cerebro vuelve a su nivel base de felicidad. Como quien dice: lo nuevo se vuelve rutina. Por eso, ganar más dinero, por ejemplo, no siempre significa sentirse más feliz.

3. Voluntad (V) – un 40 por ciento

Aquí viene lo más esperanzador de todo: el 40 por ciento de nuestra felicidad depende de lo que hacemos, de manera intencionada, para sentirnos bien.

La voluntad se refiere a nuestras acciones diarias, nuestros hábitos, nuestras fortalezas, cómo pensamos, cómo nos hablamos a nosotros mismos, cómo cuidamos nuestras relaciones, nuestro cuerpo, nuestra mente. Y todo eso sí se puede cambiar.

Este 40 por ciento es nuestro margen de acción, donde podemos hacer cosas distintas, incorporar prácticas que nos hagan sentir más conectados, más vivos, más en paz. Y no hace falta hacerlo todo perfecto. Solo necesitas encontrar lo que resuene contigo.

Así, según esta fórmula, la felicidad se expresaría así:

F = G + C + V
(Felicidad = Genética + Circunstancias + Voluntad)

Como ves, hay una parte que no depende de ti (la genética), otra que puedes modificar un poco (las circunstancias), pero hay una gran parte que sí está en tus manos (la voluntad), y es a la que le vamos a dar caña en este libro.

LA FELICIDAD DEPENDE DE:

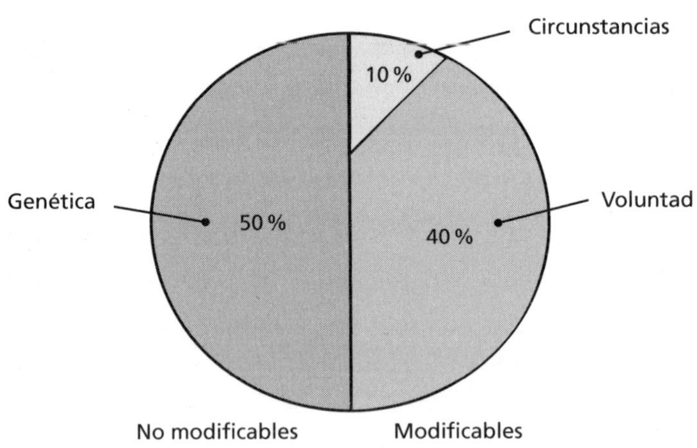

¿Tirar de fuerza de voluntad para cultivar los neuropoderes?

¿Cómo desarrollamos estos neuropoderes? ¿Cómo aumentamos nuestra felicidad? ¿Trabajando duro sin parar? Esa es, en parte, la mirada de la Dra. Lyubomirsky: ese 40 por ciento que depende de nosotros se cultiva con práctica consistente.

Ahora bien, convertirlo todo en esfuerzo tiene un coste, y ahí es donde no estoy del todo de acuerdo con los mensajes tipo: «si te esfuerzas lo suficiente, serás feliz». A veces, leer la lista de cosas que deberíamos hacer para estar bien ya nos agota antes de empezar. ¿De verdad la felicidad es otra tarea más en la agenda?

La fuerza de voluntad se apoya en el autocontrol, la toma de decisiones y la inhibición de impulsos. Todo eso vive, sobre todo, en la corteza prefrontal (CPF): es la vía cognitiva de arriba abajo (*top-down*). ¿Cuál es el problema?

- Bajo estrés intenso, la CPF se debilita.
- Con cansancio, también.
- Y su capacidad es limitada: si la has exprimido trabajando o estudiando todo el día, por la noche te quedas sin batería mental para aprender un hábito nuevo o pensar distinto.

Cuando tiramos solo de voluntad, lo habitual es que la historia acabe mal. Se ve clarísimo al introducir hábitos: si pasas el día *portándote bien* —comiendo perfecto, yendo al gimnasio, reduciendo pantallas, siendo amable con todo el mundo—, pero todo desde el deber, estás consumiendo CPF a cada paso.

¿Y cuál es el resultado típico? Llega la tarde-noche y la mente dice: «Hasta aquí». Así que abres la nevera y arrasas con lo que ibas a evitar, te pones una serie o te sirves una copa «porque me lo he ganado». Es el clásico rebote tras la contención.

No es falta de carácter, es fatiga prefrontal. De hecho, hay estudios que muestran que complacer y sonreír por obligación durante horas termina en irritabilidad y mal humor por puro desgaste de autocontrol. Quedar bien a la fuerza cansa.

Por supuesto, hay personas muy disciplinadas con una CPF en plena forma. Fantástico: si ese es tu caso, aprovéchalo. De hecho, la voluntad funciona como un músculo: si se entrena, tienes más. También ayuda mucho descansar bien y vivir con menos estrés: una CPF descansada rinde más y sostiene mejor los cambios. Pero si ahora mismo te sientes con poca batería mental, forzar no es la única vía.

¡Motivación al poder!

Además de la fuerza de voluntad, muchos científicos apuestan por un motor igual o más eficaz para cambiar: la motivación. Aquí la entenderemos como cualquier emoción que pone en marcha la dopamina y nos empuja a actuar.

A veces nace de un golpe en la mesa: algo nos sacude y pensamos «No me queda otra que cambiar». Es la motivación por alejamiento: me muevo para huir del sufrimiento o del miedo a estar mal. Funciona, sí, pero suele teñir el camino de neuroquímica de estrés (ya que el miedo siempre está vigente).

Existe otra vía más amable: la motivación por acercamiento. Me impulsa a ir hacia lo que me hace bien. Cuando trabajamos desde ahí, no solo importa la meta; el proceso ya es satisfactorio. Aunque tardes en lograrlo, tu cerebro va bañando el día a día con la neuroquímica del bienestar presente.

En la práctica solemos mezclar ambas, y no pasa nada. Estar motivados funciona. La dopamina es la gasolina del futuro, incansable y con una enorme capacidad para sostener cambios grandes. El reto es no perderla.

¿Cómo mantenerla encendida?

- Conecta con la emoción de fondo. Pregúntate qué necesidad real te mueve. Algunos se apoyan en frases o recordatorios visibles; pueden ayudar si te devuelven a ese «para qué».
- Visualiza el objetivo. Imaginar con detalle lo que quieres alcanzar dispara la dopamina.
- Disfruta del camino. El futuro lo enciende la dopamina; el presente lo sostienen las endorfinas, la serotonina y la oxitocina.

Aunque, ojo, el presente no lo es todo para ser feliz.

> La felicidad integra pasado, presente y futuro: recordar lo bueno, saborear el ahora y avanzar hacia lo que deseas.

Con esta base, los neuropoderes son más fáciles de practicar y mantener en el tiempo. Antes de arrancar, una pregunta sencilla: ¿qué te trajo hasta aquí? ¿Qué te mueve a leer este libro y no otro? Tómate un segundo para sentirlo.

Si tienes clara la motivación, ya tenemos lo esencial. Ahora sí, ¡empecemos!

CAPÍTULO II

Primer neuropoder. Modo rebotar supremo

El de pagar por sufrir

Todo el mundo habla de la resiliencia como si fuera un superpoder. «Sé resiliente, no te rindas, levántate una y otra vez». Y suena precioso, ¿no? Pero en realidad, resiliencia es la palabra elegante para decir: «La vida te va a dar hostias, acostúmbrate».

Resiliencia es básicamente convertirte en un muñeco de esos que golpeas y vuelve a levantarse. Lo único malo es que en los anuncios se ve divertido... En la vida real duele.

Además, me encanta cómo nos venden la resiliencia en frases motivacionales: «Lo que no te mata te hace más fuerte». Perdón, pero lo que no me mata normalmente me deja cojeando, con ansiedad y pidiendo cita al fisio. ¡Más fuerte no! ¡Más caro!

Yo creo que confundimos resiliencia con masoquismo porque no todo lo que duele te mejora. Si yo me pego un martillazo en el dedo cada mañana, no me convierto en un superhéroe: me convierto en cliente fijo de traumatología.

Yo tuve mi momento de resiliencia una vez. Bueno, momento no es lo más exacto, me duró más bien un mes entero. Resulta que me apunté al gimnasio. Ya empezamos mal: eso de pagar por sufrir. Pero bueno, pensé: «Esta vez voy en serio, disciplina, resiliencia, fuerza mental».

Primer día: clase de *spinning*. A los cinco minutos yo ya estaba buscando el botón de «pausa». Pero, claro, todo el mundo alrededor parecía una mezcla de Terminator y ciclista del Tour de Francia. Y ahí estaba yo, con cara de parto y la bicicleta estática mirándome como diciendo: «Amigo, yo no me muevo de aquí, el problema eres tú».

El entrenador gritaba: «¡Resiliencia, vamos, resiliencia!». Y yo pensaba: «No, esto no es resiliencia… Esto es tortura medieval con música electrónica». Aguanté veinte minutos. Salí del gimnasio arrastrándome, y esa noche me dolían músculos que ni sabía que existían. ¿Eso es resiliencia? ¡No! Eso es preguntarte al día siguiente: «¿De verdad quiero sobrevivir a esto?».

Pero lo gracioso es que seguí yendo. No porque me gustara, sino porque ya había pagado tres meses por adelantado. Y ahí descubrí mi verdadera resiliencia: no era fuerza interior, era el miedo a perder dinero.

Al final, después de semanas de sufrimiento, mi gran victoria fue que pude subir las escaleras de mi casa sin llorar. Ese fue mi *renacer*. Olvídate del ave fénix: yo resurgí como un señor que puede cargar las bolsas del súper sin parecer un náufrago.

Y creo que eso es la resiliencia en realidad: no es renacer de las cenizas como un ave mística…, es aguantar, tropezar, llorar un poco, levantarse medio torcido… y seguir. Porque si la resiliencia fuera glamurosa, la palabra sería otra: victoriosidad o superpoder. Pero no, es resiliencia, que suena justo a lo que es…, sobrevivir como se pueda.

Modo rebotar supremo

Es muy fácil sentirse feliz cuando todo va bien. Pero... ¿y cuándo no va bien?

El cerebro es muy inercial. Cuando todo fluye, se retroalimenta de su propia química positiva: pensamos en positivo, sentimos más placer, tenemos más energía, nos cuesta menos comer sano, hacer ejercicio, reír con los nuestros. Y claro, si nos mostramos felices, atraemos a personas que también lo están. De modo que nos sentimos más acompañados, más queridos..., y así empieza ese bucle mágico de bienestar, amor y conexión. ¡Qué gustazo cuando entras en esa rueda! Esa sensación de «todo está en su sitio, todo va bien, estoy feliz» es fantástica. Pero... ¿qué pasa cuando algo rompe esa rueda? ¿Cuando aparece algo inesperado y te saca del juego? ¿Cuando sientes que todo lo bueno queda lejos de ti...?

Ferran, ¿qué te pasó cuando sufriste ansiedad? ¿Algo en ti cambió? ¿Te costaba ser feliz?

La ansiedad no me llegó de golpe. Fue como una especie de ocupación lenta. Primero me costaba dormir. Luego empecé a cancelar planes con gente a la que quería ver. Y después... simplemente dejé de hacer cosas. No porque no me apetecieran, sino porque me imaginaba todo lo que podía salir mal antes de que pasara.

Me costaba quedar con gente. Me costaba hablar. Me costaba estar. A veces incluso me daba ansiedad responder un mensaje de WhatsApp porque, claro, si respondía tenía que quedar, y si quedaba tenía que sonreír, y si sonreía tenía que fingir que todo estaba bien. Y la sola idea de sostener todo eso me agotaba antes de salir de casa.

Recuerdo una vez que había quedado con alguien para tomar algo, y cinco minutos antes de salir me convencí de que si iba me daría una lipotimia. No tenía síntomas, no me sentía mal, pero mi mente estaba segura: «Vas a caer redondo en mitad de la terraza como una croqueta humana». Así que, en un acto de autoprotección lógica, cancelé con la excusa de que se me había estropeado el lavavajillas. Espóiler: no tenía. En el piso de 25 metros donde vivía, tenía la nevera en el comedor. ¿Dónde coño iba a meter un lavavajillas?

Lo peor es que esa no fue mi peor excusa. Una vez dije que me dolía una costilla por haber dormido «muy profundamente». Como si el descanso extremo fuese una dolencia clínica. Y lo más irónico es que muchas veces, después de cancelar, me sentía peor. No salía, pero tampoco descansaba. Me quedaba atrapado entre el «quiero» y el «no puedo».

La ansiedad no me hacía llorar. Me hacía evitar. Evitar vivir. Evitar querer. Evitar sentir. Y en ese estado de evitación elegante, me fui encerrando. Como si la vida estuviera ocurriendo allá afuera y yo la viera por una ventanita con wifi.

No tengo una conclusión épica ni una moraleja perfecta. Pero sí puedo decir que, en algún momento, empecé a sospechar que tal vez había otra forma de estar. Que quizá no se trataba de *salir al mundo perfecto*, sino de salir un poquito. Con miedo, sí. Con dudas, también. Pero salir.

Y desde ahí… empecé a pensar que quizá había salida. Que no era rápida. Tampoco mágica. Pero salida. Pero eso ya te lo cuento luego, Sara. Seguro que en algún momento vendrá más a cuento.

Es normal que hayas pasado por estos momentos en los que no te apetecía quedar con nadie, no sentías placer por nada y ni siquiera te veías con fuerzas para mantener buenos hábitos. Entiendo que todo lo veías negro.

Cuando el cerebro entra en ese estado, tiende a retroalimentarse. Y sigue y sigue. Es así como funciona. Es inercial también para lo *malo*. Por eso, cuando sentimos ansiedad, ira o tristeza, da la sensación de que estamos atrapados en un agujero negro del que no se puede salir.

Tengo una buena noticia: sí se puede. Hay personas que sí lo hacen. Y no, no son superhéroes ni han nacido con cerebros privilegiados. Son personas que tienen muy desarrollada la resiliencia. Han entrenado esta habilidad del cerebro para adaptarse y superar las dificultades. Incluso crecen ante ellas. Por eso quería empezar el libro con este neuropoder.

La vida inevitablemente nos sacudirá. Y cuando eso pase, necesitamos este gran neuropoder para no perder el rumbo, para mantenernos estables bajo la tormenta y recuperar el timón lo más rápido posible.

La resiliencia se ha relacionado muchas veces con el crecimiento y la fortaleza. Pero me gustan las nuevas teorías que hacen hincapié en otro componente clave: poder estar mal y permitírtelo. Los que ven la vulnerabilidad como una fortaleza. Me explico.

> Muchas personas resilientes no lo fueron desde el principio. Pasaron por su proceso. Se permitieron estar mal, antes de levantarse con más fuerza.

Forzarte a estar bien cuando no lo estás puede salirte caro. Es como decirte que te relajes cuando estás nervioso: solo consigues ponerte más tenso. Encima, si ves que no lo logras, la frustración, la autocrítica y el malestar se multiplican. El cerebro reacciona con más estrés, más cortisol. Necesitamos darnos un espacio para sentir el malestar, para escucharnos, para cuidarnos con amabilidad, sin prisas ni presiones.

La resiliencia tiene estas dos caras, como dice la psicóloga Silvia Fernández Campos. La cara yin y la yang, la del agua y la del fuego, lo femenino y lo masculino. Llámalas como quieras, pero reconoce las dos.

¿Tú, Ferran, te consideras resiliente? ¿Te sentías preparado al minuto cero para enfrentarte a la ansiedad? ¿O te lamiste un poco las heridas al principio?

Depende del día.

Si me lo preguntas hoy, después de haber dormido bien, haber hecho algo de deporte y con cierta perspectiva, te diría que sí. Que soy resiliente. Pero si me lo hubieras preguntado al minuto cero de mi ansiedad… te habría dicho que no era resiliente, que era un mueble al borde del colapso.

Pienso que hay una especie de mito con la resiliencia. Como si las personas que sufren ansiedad, para no sentirla, tuvieran que levantarse rápido, fuertes, conscientes, con una *playlist* inspiradora sonando de fondo. Este no fue mi caso. Yo al principio no me levanté, sino que me arrastré un rato. Y luego me quedé tumbado. Y luego empecé a mirar el techo. Y luego… me hice un café, y esto, en mi escala de resiliencia, fue un acto casi heroico.

No me sentí preparado. No tuve respuestas. No supe qué hacer. Y sí, me lamí un poco las heridas, no con dramatismo hollywoodense, sino con esa mezcla de culpa, confusión y autoanálisis patético que tiene uno cuando se siente derrotado, pero aún no se lo quiere reconocer del todo.

Recuerdo que durante semanas leí artículos sobre cómo gestionar la ansiedad sin llegar a acabar ninguno. Me angustiaba por estar angustiado. Me culpaba por no estar bien más rápido. Y luego, como buen ser humano lleno de contradicciones, abría Instagram y me comparaba con gente que subía stories haciendo yoga en un acantilado al amanecer.

¿Resiliente? En ese momento, lo más resiliente que hice fue ponerme calcetines y salir a tirar la basura.

La resiliencia, como yo lo veo, no es una respuesta inmediata. No es fortaleza en caliente. Es más bien lo que construyes después de caerte. Con lentitud. Con dudas. Con mala cara. Con días en los que avanzas y otros en los que solo sobrevives.

Si ahora me siento más resiliente, no es porque me enfrentara a la ansiedad como un guerrero iluminado. Es porque aprendí a no pelearme conmigo cuando no podía, a aceptar que no tener fuerzas también es parte del proceso. Y que lamerse las heridas no es rendirse, sino empezar a reconocerse.

Así que sí, me considero resiliente, no porque fuera fuerte desde el minuto cero, sino porque, incluso cuando me sentía hecho trizas, no dejé de preguntarme si, quizá, algún día podría estar mejor. Y poco a poco... lo fui estando.

CARA YANG

La cara yang de la resiliencia es la más conocida. Es el fuego, el «tienes que hacer», el impulso de tirar hacia adelante con todo, resolverlo todo y salir victorioso.

Es la imagen que suele venirnos cuando pensamos en resiliencia: crecer ante la adversidad, con coraje, con determinación, y salir recuperados, incluso, reforzados de lo que nos pasa.

Se ha visto que alrededor del 85 por ciento de las personas que han atravesado un trauma significativo —como la muerte de un ser querido, una violación o una guerra— experimentan algún tipo de crecimiento postraumático en alguna de las áreas personales. A veces se trata de una mayor fortaleza interna, esa sensación de «si he podido con esto, puedo con todo». Otras veces, se expresa mediante una mayor conexión con los demás, en relaciones más profundas. Incluso puede darse un crecimiento en el plano espiritual, una apertura a algo más grande, una nueva visión existencial que ayuda a ver más allá de uno mismo.

Enfrentarnos a la adversidad puede hacernos crecer, sin duda. Pero como ya comentábamos, forzar ese proceso antes de tiempo o querer llegar demasiado rápido a esa meta puede hacer justo lo contrario: que nos agotemos emocionalmente y nos frustremos aún más al ver que, por mucho que lo intentamos, no logramos sentirnos mejor. Por eso es importante que también conozcas la otra cara de la resiliencia.

Cara yin

Ser resiliente también implica parar y abrazarnos frente al sufrimiento. Tan simple y tan complejo como eso. *Automaternarnos*. Acompañarnos con amabilidad, sin necesidad de solucionar nada, simplemente estando presentes con lo que hay.

Reconocer que algo está siendo duro para ti, decirte: «Veo que estás sufriendo, estoy aquí para ti», es suficiente. Darle espacio. Aceptar que está bien no estar bien.

Durante mucho tiempo, la vulnerabilidad ha sido infravalorada. Pero, como dice Brene Brown, en realidad es una fuente de fortaleza y valentía. Hoy en día lo fácil es huir, evitar sentir, anestesiarse.

Desde la neurociencia, se ha visto que tratarnos con amabilidad en momentos difíciles lo cambia todo. La Dra. Kristin Neff, neurocientífica y referente en el estudio de la autocompasión, ha demostrado cómo el hecho de ser amables con nosotros mismos reduce la actividad de la amígdala, baja los niveles de cortisol y aumenta la oxitocina, la neuroquímica que nos hace sentir en casa, seguros, en confianza.

En cambio, cuando nos criticamos por no estar bien o por no cumplir con nuestras propias expectativas, no solo activamos la amígdala, sino también las zonas del cerebro vinculadas al dolor, tanto físico como emocional, como la corteza cingulada anterior y la ínsula.

> La autocrítica, igual que la crítica externa, es recibida por el cerebro como un golpe. Un dolor emocional que suele tener que ver con la sensación de no encajar, de sentirse roto o insuficiente. Cambiar ese diálogo interno por uno más amable puede marcar una diferencia profunda.

En lugar de pensar: «No puedo con esto, no soy tan fuerte como los demás», podrías decirte: «Aún no puedo con esto, aún me cuesta, pero puedo aprender. Lo estoy haciendo lo mejor que puedo, y eso está bien».

Ese tipo de autodiálogo reduce también las llamadas perturbaciones secundarias, esas ideas de cómo *deberíamos* estar o sentirnos y que tanto peso nos añaden. Cuando desaparecen, también se suaviza la autoexigencia. Y eso ya es medio camino recorrido.

No hay un orden rígido entre la cara yang (acción, fuerza, decisión) y la cara yin (descanso, cuidado, autoamabilidad). Pueden coexistir. Habrá momentos en que necesitemos parar, abrazar el dolor. Otros en los que nos sentiremos más fuertes, con energía para avanzar. Así vive el proceso una persona resiliente: con altibajos, con momentos de pérdida, de miedo y también de ganancia, de crecimiento y de mayor conexión.

La vida no es blanco o negro. Es ambivalente. Y aprender a sostener esa ambivalencia, esos opuestos, es un signo de salud mental. Yo, por ejemplo, con la maternidad he aprendido que pueden coexistir el amor más profundo y la sombra más incómoda. Y está bien.

Por último, vivir un trauma, atravesar la ansiedad o cualquier experiencia dura inevitablemente nos cambia. Nos transforma. Y ojalá podamos hacer las paces con esa nueva versión de nosotros mismos, sin desear volver a quienes fuimos antes. Ojalá podamos ver todo lo que ese proceso también nos enseña y nos hace crecer.

¿Te sientes reconocido en alguna de estas caras, Ferran? ¿A veces querrías volver a ser el Ferran de antes y buscar ahí la felicidad?

Me reconozco en las dos caras, pero no a la vez ni con la misma soltura. Durante mucho tiempo solo creí en la cara yang de la resiliencia: tirar adelante, «esto me hará más fuerte», «ya lo he entendido todo». Me tentaba porque tenía épica y parecía útil. Pero al principio no me sentía fuerte ni heroico: me sentía agotado y roto en sitios sin nombre.

Entonces descubrí la cara yin: «no pasa nada si no puedes», «lo estás haciendo lo mejor que puedes». O sea, quedarse quieto, acompañar lo que duele. Al principio me pareció blanda, pero fue la que me salvó.

Yo tiendo al yang, a la acción y la estrategia, pero aprendí que no todo se resuelve haciendo: hay heridas que sanan cuando dejas de moverte.

¿Volver al Ferran de antes? A veces lo he querido, volver al que pensaba y dudaba menos. Pero esa es una trampa nostálgica. No sé si era más feliz; quizá solo más distraído. Hoy no quiero volver. Quiero aprender a estar con el Ferran de ahora: con dudas, pausas y empujones.

En ese equilibrio inestable —entre fuerza y ternura, hacer y cuidar, antes y ahora— hay algo que se parece mucho a la verdad.

¿LA RESILIENCIA ES INNATA?

Puede que pienses que no eres una persona resiliente, que te cuesta superar de forma favorable las cosas difíciles que te pasan en la vida. Me gustaría recalcar que crecer ante la adversidad ocurre en la mayoría de las personas, como muestran los estudios. Ser resiliente es la norma, no la excepción. Además, es algo que todos podemos fortalecer. Por eso a veces somos muy resilientes en ciertos aspectos de nuestra vida y menos en otros. Hay áreas que nos cuestan más y otras que se pueden trabajar más. No pasa nada, está bien.

Es cierto asimismo que no todos partimos del mismo punto. La resiliencia tiene un componente genético.

A nivel biológico, se ha visto que puede haber diferencias individuales —por genética o epigenética— en sistemas como el de la dopamina o la serotonina. Estos influyen en cómo valoramos las experiencias positivas o cómo aprendemos de ellas, lo que puede afectar en parte a cómo se manifiesta nuestra resiliencia.

La falta de afecto y apoyo social durante la infancia también puede afectar el desarrollo de ciertas áreas del cerebro relacionadas con la capacidad para afrontar dificultades. Esto puede hacer que seamos más sensibles o vulnerables ante situaciones negativas. Sin embargo, la gran capacidad de adaptación del cerebro —su plasticidad— permite que, incluso en estos casos, podamos aprender herramientas que nos ayuden a reducir el impacto de esas experiencias dolorosas. Con el tiempo, esto puede favorecer un cambio en conductas como la pasividad o el bloqueo emocional frente a situaciones traumáticas vividas.

El eje del estrés, llamado HHA (hipotálamo-hipófisis-glándulas adrenales), es el que hace que nuestro sistema nervioso se active cuando detecta algo amenazante. Es el encargado de poner el cuerpo en marcha y liberar cortisol (y otras hormonas del estrés) para ayudarnos a hacer frente a lo que está pasando.

Este eje puede estar más sensible de lo normal por temas genéticos o por haber vivido experiencias difíciles en la infancia. Y cuando está demasiado activo, cualquier cosa estresante se percibe con mucha más intensidad. Eso, como te imaginarás, puede dificultar bastante que seamos resilientes. Pero el otro extremo tampoco ayuda: si el eje está *dormido* (o sea, que necesita muchísimo estrés para activarse), puede que no reaccione cuando debería. Entonces es fácil quedarse en una actitud más pasiva. En los dos casos, esto afecta a cómo enfrentamos los retos.

La buena noticia es que da igual desde dónde partas, cómo sean tus genes o lo que hayas vivido de pequeño. Como hemos visto, siempre se puede entrenar y potenciar la resiliencia. Es una capacidad que, aunque puede tener una base innata, también se aprende y se entrena a lo largo de la vida.

De todos modos, sí que creo que está bien aceptar que no todos haremos el mismo trabajo para lograr estar bien. No todos partimos del mismo punto. A unas personas les costará más, a otras menos. Quizá lo mejor sea no compararse con los demás, sino solo con tu propio proceso.

Estrategias de enfrentamiento (*coping strategies*)

Ahora vamos a ver qué estrategias puedes poner en práctica para enfrentarte mejor al estrés y ganar fuerza desde ahí.

¿Cuando estás mal qué sueles hacer? ¿Qué estrategias sueles utilizar?

Para un momento y piénsalo.

¿Tú, Ferran? Cuando algo va mal ¿sueles guardártelo para ti mismo? ¿Intentas evitarlo? ¿O te enfrentas a ello cara a cara, poniéndote manos a la obra?

Depende del día, del tema y de cuánta batería emocional me quede. Pero si soy sincero… tiendo más a guardármelo. No porque me guste sufrir en silencio —eso suena demasiado poético—, sino porque me cuesta saber *qué hacer con lo que siento.*

Muchas veces, cuando algo va mal, mi primer impulso es minimizarlo. Pienso: «Bueno, tampoco es para tanto». Y mientras tanto, por dentro, el incendio forestal.

Otras veces lo evito. Pero con estilo. Me vuelvo eficiente, práctico, productivo. Como si solucionar todo lo externo fuera a calmar lo que me arde por dentro. Y en parte lo logro… por un rato.

También tengo mis momentos de *manos a la obra*, claro…, cuando ya no queda otra. Cuando el malestar es tan evidente que me tropiezo con él al salir de la ducha.

Y ahí sí: escribo, hablo, pido ayuda, saco la caja de herramientas emocionales. Pero para llegar ahí, antes necesito pasar por mi protocolo habitual:

1. Negarlo.
2. Reírme un poco.
3. Dormir mal.
4. Y después, *tal vez*, enfrentar lo que pasa.

Así que no, no soy el tipo de persona que se lanza de cabeza al dolor para resolverlo. Soy más de dar una vuelta entera a la manzana emocional antes de aceptar que, sí, algo me pasa. Ahora, también pienso que cada vez tardo menos en darme cuenta. Eso, aunque no parezca mucho, es un avance. Porque la vida no se trata de evitar lo que duele, sino de ir ganando coraje para sentarte a su lado… sin sentir que vas a romperte.

Y, poco a poco, lo voy haciendo.

Querido lector, es muy posible que te suceda como a Ferran. Según la situación que vives, unas veces reaccionas de una forma y otras veces de otra. Y es totalmente normal.

Ferran ha dicho algo que tiene mucho sentido.

Él se da cuenta de las estrategias automáticas que tiene su cerebro para enfrentarse a lo que duele. Quizá no puede cambiarlas (de entrada), pero ser consciente de cuáles son, de cómo es su proceso de enfrentamiento y superación, hace que este se sienta completamente diferente. Con más seguridad, más control, con más estabilidad. Y a lo mejor desde ahí es más fácil hacer algún cambio si es necesario.

Por eso estaría bien que empieces a observar cómo sueles afrontar los momentos difíciles, cuáles son tus estrategias.

Por lo general podemos agrupar estas estrategias en dos tipos: las activas y las pasivas. Después te muestro ejemplos concretos, primero quiero explicarte algo para que se entienda todo mejor.

Seguramente te suenan los tres mecanismos básicos de respuesta ante una amenaza: lucha, huida o quedarse bloqueado (lo que en inglés se conoce como las 3 F: *fight*, *flight*, *freeze*).

Cuando algo nos estresa, se activa nuestra querida amígdala —esa parte del cerebro que reacciona al peligro—, y en función de qué tipo de respuesta pongamos en marcha, se accionan zonas diferentes dentro de la propia amígdala. Esto, según explicó el neurocientífico LeDoux, hace que se generen efectos distintos en nuestro cuerpo, a nivel neuronal y físico.

Si respondemos de forma activa (por ejemplo, si luchamos o pasamos a la acción ante la dificultad), se pone en marcha el núcleo basal de la amígdala. Esta activación se conecta con el núcleo estriado, relacionado con el circuito de recompensa del que hablamos antes. Es decir, una respuesta activa puede llevarnos a sentir más motivación o bienestar después del esfuerzo.

En muchos estudios realizados con ratas, puede verse claramente que, cuando responden de forma activa ante una situación difícil (por ejemplo, luchando contra otra rata que les ataca), sus cerebros lo celebran activando el circuito de recompensa. Como si al responder con coraje, te dieran una piruleta y te dijeran: «Bien hecho, sigue así».

En cambio, si reaccionamos de forma más pasiva (por ejemplo, si nos bloqueamos o nos quedamos quietos sin saber qué hacer), se moviliza otra ruta distinta: el núcleo central de la amígdala. Esta ruta va hacia zonas como el hipotálamo y el mesencéfalo (especialmente la sustancia gris periacueductal), que accionan el eje del estrés, HHA. Eso significa más cortisol en sangre, más tensión... e incluso inflamación en el cuerpo.

Esto no solo se queda en lo emocional, también se nota en el cuerpo. Por ejemplo, a nivel del corazón, una señal que se estudia mucho es la variabilidad de la frecuencia cardiaca (VFC). Ya profundizaremos más en esto en otro capítulo, pero de momento basta con saber que, cuando respondemos de forma activa, esta VFC sube. ¿Y eso qué quiere decir? Que nuestro corazón se vuelve más flexible y eficiente para adaptarse a lo que nos pasa. Las personas optimistas, que tienden a ser resilientes, suelen tener una VFC alta. En cambio, quienes conviven con la ansiedad o depresión tienden a tenerla baja.

El cerebro premia que nos arriesguemos, que actuemos con coraje y determinación, y nuestro cuerpo se ve beneficiado con ello, sobre todo a largo plazo.

Te cuento un experimento para que acabes de ver claro lo que trato de explicar. Lo publicó un equipo de la Universidad de Princeton liderado por Lindsay Willmore en 2022 en la revista *Nature* (casi nada). Cogieron ratones pequeños y los pusieron con otros más grandes y agresivos. Ya te puedes imaginar la escena: los grandes eran como los abusones del patio, y los pequeños tenían que decidir si se enfrentaban a ellos, se escondían o simplemente se dejaban pegar.

Los ratones que se enfrentaban al agresor activaban el circuito de recompensa (en concreto, la vía mesolímbica dopaminérgica) justo cuando se preparaban para luchar. Era como si el cerebro les dijera: «¡Venga, tú puedes!».

En cambio, los ratones que huían solo recibían esa recompensa cerebral *después*, cuando todo había pasado y estaban a salvo. Como si su cerebro les dijera: «Genial, ¡has sobrevivido!». En este experimento se vio que no era la lucha lo que se premiaba, sino el haberse mantenido con vida.

El estudio demostró que, en realidad, la recompensa se recibe con ambas estrategias, tanto la activa (luchar) como la pasiva (huir); la diferencia aquí está en *cuando*. El momento en que se activa este circuito de recompensa es clave para el aprendizaje. Todos los ratones habían aprendido estrategias diferentes que conseguían el mismo objetivo: sobrevivir. Si algo que hacemos nos da un resultado positivo, el cerebro lo recuerda y nos anima a repetirlo, gracias a la descarga de dopamina. Pero esto no significa que las dos estrategias aprendidas conlleven los mismos beneficios. Y esto es clave.

Ahora veremos.

Lo interesante aquí es que este experimento duraba diez días. Y a lo largo de ese tiempo, al repetir esa situación estresante, vieron que todos los ratones que optaban por huir acababan más deprimidos que los demás. Se les quitaban las ganas de hacer cosas que antes les gustaban (como beber agua azucarada), exploraban menos, ganaban menos peso y apenas se movían.

Y este no es el único estudio. Hay muchos otros que investigan la derrota social en ratones y encuentran resultados similares. Esto nos hace pensar que todas las estrategias son útiles a nivel de supervivencia, pero no todas activan los mismos mecanismos neurofisiológicos en nuestro cuerpo. Unas nos pueden dañar más que otras.

Se cree que las alteraciones en el circuito dopaminérgico (ese que va del área tegmental ventral al núcleo accumbens) puede influir en si una persona tiende más a ser resiliente o, por el contrario, tiende más a deprimirse.

La verdad es que a mí estos estudios me fascinan. Y no sé tú, pero me hacen pensar que la clave está en eso: en ser proactivo, en enfrentarse a los desafíos en vez de huir o rendirse. Utilizar estrategias activas puede ayudarnos potencialmente a ser más resilientes.

De ratones a humanos: estrategias activas y pasivas

No es tan fácil pasar todo esto directamente a humanos porque nosotros somos mucho más complejos y utilizamos estrategias más sofisticadas para enfrentarnos a situaciones difíciles. Aun así, después de leer bastante sobre el tema, me atrevo a nombrar qué estrategias activas y pasivas solemos utilizar.

> Algo importante que quiero remarcar: cuando estamos atravesando un momento difícil, es totalmente normal que no tengamos fuerzas para reaccionar siempre de forma activa.

Puede que sintamos que no podemos con todo y acabemos recurriendo a estrategias más pasivas que, por lo general, son menos útiles para afrontar las cosas. Y si eso te está pasando, no te culpes.

A lo largo de nuestra vida, hemos ido desarrollando distintas formas de enfrentarnos a lo que nos ocurre. Nuestro sistema nervioso, frente al peligro, ha aprendido a elegir lo que le ha servido en momentos anteriores. Es decir, que lo que usamos ahora no es más que lo que nos salvó en su día. Así que no se trata de juzgarnos, sino de entendernos.

Algunos de esos recursos aprendidos son más activos, otros más pasivos. Incluso puede que en ciertas áreas de tu vida uses más unos que otros. Y está bien.

Lo que sí puede ayudarte es empezar a observar —con cariño, sin exigencias— qué tipo de estrategias pones en marcha cuando algo te descoloca. Ahora ya sabes que, cuando tiramos solo de estrategias pasivas, es fácil entrar en una espiral de negatividad que nos cuesta más romper. Por eso vale la pena ir probando poco a poco respuestas más activas.

Vamos a empezar por lo más sencillo: ver en qué consiste responder de forma pasiva ante los problemas.

Ferran ya ha utilizado algunas de estas estrategias...

La verdad es que sí, he utilizado muchas, pero, sinceramente, cuando algo me duele, no siempre me sale enfrentarlo. Me gustaría decir que lo miro de frente, que lo nombro, que pongo los límites claros en el momento justo. Pero la mayoría de las veces no pasa así. La mayoría de las veces me lo dejo dentro. Y no porque sea valiente o fuerte, sino porque me da miedo, porque no quiero que el otro se moleste. Me digo que «no es para tanto», me convenzo de que, si me distraigo un poco, se me pasará.

Y entonces me ocupo. Me pongo a hacer. Me entretengo. Me estimulo. Me invento urgencias. A veces incluso me convenzo de que ya lo he superado, cuando en realidad solo me estoy alejando de mí.

He pasado días enteros sin decir lo que pensaba, solo para que no cambie nada afuera. Y noches en las que me he sentido completamente solo rodeado de gente. He respondido: «Todo bien» cuando por dentro quería gritar. He ignorado pensamientos que me dolían como si eso fuera una forma de solucionarlos. No sé si eso es protegerse o rendirse un poco. A veces me siento como alguien que se mira desde fuera, con cierta tristeza, pero sin suficiente fuerza para intervenir.

Hay días en los que la vida se me escapa de entre las manos sin que parezca pasar nada grave. Todo sigue. Todo funciona. Pero yo no estoy del todo ahí. No es tristeza. Es más bien un apagón suave, como si la intensidad se hubiera bajado al mínimo. Lo curioso es que, desde fuera, parezco estar bien. Hasta yo me lo creo, a ratos.

Pienso que a veces uno se acostumbra a no sentir demasiado. Y lo confunde con estar en paz. Pero no es paz, sino anestesia. Es ese modo de vivir en el que nada duele mucho…, pero tampoco se siente de verdad. Recuerdo que una vez le dije a alguien que me sentía despierto. Que había una diferencia clara entre vivir encendido y vivir dormido. Y que yo quería estar despierto. Y lo sigo queriendo. Pero despertar duele porque despertar es perder ciertas comodidades. Es mirar lo que no quieres mirar, y sentir lo que habías dejado congelado. Y aun así, pienso que prefiero eso. Prefiero llorar a no sentir. Prefiero enfrentarme al miedo que seguir evitándolo disfrazado de eficiencia. No siempre lo consigo. Pero a veces, solo a veces, me permito no taparlo. Me permito parar. Y llorar.

Y decirlo. Y quedarme ahí. Sin solución. Sin prisa. Y en esos momentos… no pasa nada afuera, pero algo empieza a moverse adentro. Y creo que de eso va este superpoder, ¿o no?

Estrategias pasivas

- No hacer nada
  Pongamos que alguien te suelta un comentario que te cae como una piedra. Sabes que no tiene razón, que te ha molestado…, pero decides callarte. No dices nada, te lo tragas. A simple vista parece que no pasa nada, pero luego te lo llevas puesto. Le das mil vueltas en la cabeza, aparece esa vocecita que te machaca por no haber dicho nada, y acabas sintiéndote peor.
- Evitar, minimizar o negar el problema
  En otra situación parecida, quizá te dices a ti mismo: «Bah, tampoco es para tanto», aunque por dentro sepas que sí te ha removido. Es una forma de hacer como si no pasara nada. De barrer el problema debajo de la alfombra. Pero eso no hace que desaparezca, solo se queda ahí escondido, esperando a salir cuando menos lo esperes.
- Sobrecomplacer
  Otra forma de evitar el conflicto es intentar agradar por encima de todo. Cedes, sonríes, incluso puedes llegar a estar de acuerdo solo para no generar tensión. Quieres evitar el choque, pero el precio muchas veces es tragarte lo que piensas o sientes de verdad.
- Abusar de sustancias adictivas como el alcohol o de las pantallas (por ejemplo, jugando a videojuegos o haciendo constantemente scroll en internet).
- Buscar estimulación constante (ejercicio excesivo, compras compulsivas, comida, redes sociales, etc.). Aquí ya estamos

hablando de apagar fuegos con gasolina. Cuando algo nos duele o nos remueve, a veces buscamos distracciones que nos hagan sentir placer rápido. Pero ese *chute* dura poco. Son formas de tapar el malestar sin mirarlo de frente. Y, claro, luego vuelve.

- Aislarse, desconectarse
  Hay momentos en los que lo que hacemos es encerrarnos en nosotros mismos. «Si no veo a nadie, no tengo que explicar nada ni aguantar que me digan algo». Pero el aislamiento no solo es físico, también puede ser interno. Como si te apagaras por dentro. Hay personas que, cuando están mal, se desconectan incluso de sí mismas. Es como si no estuvieran ahí, como si lo que les pasa no fuera con ellas. Es una forma de evitar el dolor, sí, pero también te aleja de ti.

Si conoces la teoría polivagal, sabrás que las estrategias pasivas suelen estar muy relacionadas con el estado vagal dorsal, ese estado en el que te desconectas de todo, como si emocionalmente apagaras la luz. Ni sientes ni padeces. Estás ahí..., pero como anestesiado.

Lo curioso es que, a veces, se puede llegar a confundir este estado con estar bien. Incluso con ser feliz.

Recuerdo un día que Ferran vino emocionado (como suele venir siempre que descubre algo que le hace clic) y me soltó: «Sara, me he dado cuenta de que en la vida hay personas que viven despiertas... y otras que viven adormecidas». En ese momento no lo entendí del todo, pero ahora sí. Creo que hablaba justamente de esto.

Él tenía claro que quería vivir despierto. Pero también entiendo que hay quien necesita quedarse un tiempo más en ese estado de sueño emocional. Cada persona está en su proceso. Y cuando su cuerpo, su sistema nervioso, su mente y su corazón estén listos... ya darán el paso hacia el despertar.

Estrategias activas

Para que te hagas una idea, aquí van algunos ejemplos de estrategias activas, de esas que nos ayudan a enfrentar la situación en lugar de huir o desconectarnos.

- Actuar, poner límites, enfrentar el conflicto
  Cuando algo me molesta o me hace daño, una estrategia activa sería no quedarme callado, sino hacer algo al respecto.

> En humanos no siempre se trata de *luchar* de forma literal, como podrían hacer otros animales, sino de poner límites, decir lo que uno piensa, expresar lo que siente, aunque pueda haber conflicto.

Esa sería una forma de activar la parte yang de la resiliencia: pasar a la acción desde el coraje, la fuerza.

- Llorar y desahogarse
  No obstante, también hay momentos en los que no podemos cambiar la situación. Por ejemplo, ante una pérdida o un duelo. No hay nada que hacer ahí, más que aceptar y procesar. Y en estos casos, llorar, permitirnos sentir, desahogarnos... también son estrategias activas. Aunque venga desde el lado más yin, más vulnerable, sigue siendo una forma de afrontar, no de evitar.
  Y lo interesante es que llorar, además, no solo libera emocionalmente: desde el punto de vista fisiológico, también ayuda. Se ha visto que al llorar se liberan endorfinas y oxitocina, sustancias que nos calman, nos conectan y nos hacen sentir un poco mejor en esta situación.

  Como vimos, las endorfinas actúan como un analgésico natural que ayuda a calmar el dolor, y la oxitocina nos aporta una sensación de paz y tranquilidad. Por eso, después de llorar, muchas veces sentimos sueño o una especie de alivio. Es el cuerpo entrando en modo descanso: se activa el sistema nervioso parasimpático y la amígdala —esa parte del cerebro tan ligada al estrés y la amenaza— empieza a relajarse. Llorar, en realidad, es una respuesta muy adaptativa frente al estrés emocional. Incluso hay estudios que apuntan a que a través del llanto podríamos estar eliminando parte del cortisol acumulado en el cuerpo. Aún se está investigando, pero tiene mucho sentido, ¿no?

- Humor
  La risa es otro analgésico, como veremos en el capítulo del optimismo y el humor. El mero acto de sonreír libera una neuroquímica que te hace sentir placer y bienestar.

> Utilizar el sentido del humor como estrategia de enfrentamiento puede ayudarnos mucho, ya que mitiga el estrés.

Aunque es cierto que, si utilizas el humor para evitar hablar del tema, eso es otra cosa. Como veremos en otro capítulo existen diferentes tipos de humor y hay uno que es realmente sanador.

- Realizar una actividad placentera (distraernos de manera consciente)
  Distraerse de manera voluntaria a veces es algo necesario y muy sanador cuando lo pasamos mal. Es más, quizá es lo mejor que podemos hacer en ese momento.

  Cuando siento mucho dolor por algo, si estoy sufriendo mucho o estoy muy preocupada dando muchas vueltas a todo (hay mucha rumiación), lo mejor que puedo hacer en ese momento es ver Netflix y distraerme un rato porque, si no, seguiré retroalimentando ese agujero negro de negatividad.

Ya vimos que sentir placer es necesario para ser feliz, para seguir conectado a la vida y no caer en depresión o tener anhedonia.

En el budismo hay un concepto que me encanta, la distracción hábil. Al final si uno es consciente de que ahora lo que necesita es no enfrentarse al problema, sino evitarlo durante un rato, distraerse, pues genial. Eso también significa escucharse y saber darse lo que uno necesita desde ese lado más yin de la resiliencia. La otra es hacerlo sin conciencia, recurriendo frecuentemente al placer (peor si son aquellos que sabemos que no son saludables) sin hacer mella en el asunto. Eso es otra historia, pero, si no, ¿qué hay de malo?

Es fundamental que, incluso dentro del sufrimiento, podamos encontrar algún rayo de luz. Algo que nos recuerde que seguimos vivos, que aún podemos disfrutar, aunque sea un poquito. Eso puede marcar la diferencia, porque ese pequeño placer, esa emoción positiva, activa nuestra neuroquímica del bienestar, y esto nos protege, nos reconecta y nos da fuerzas para seguir adelante.

Puede que, para ti, ese rayo de luz sea hacer una maratón de pelis románticas o de comedia, para otro será apuntarse a clases de canto, empezar teatro, volverse fan de un grupo de música... Da igual lo que sea, lo importante es que te haga sentir bien. Explora lo que te funciona ¡y adelante!

- Hacer algo que te calme por dentro

También hay personas que en los momentos más intensos de estrés o dolor buscan algo más tranquilo que les ayude a calmarse, a regularse internamente, que les baje revoluciones. Aquí entran prácticas como el yoga, la meditación o cualquier disciplina contemplativa. Este tipo de actividades ayudan muchísimo porque no solo reducen la activación del eje del estrés, sino que también fortalecen la conexión entre la amígdala y la corteza prefrontal. Y esa conexión es oro: mejora tu regulación emocional, tu capacidad de pensar con claridad y tomar mejores decisiones.

- Conectar con otros, buscar apoyo, pedir ayuda
  Esta la dejo para el final porque, para mí, es la más potente: conectar con los demás. Buscar apoyo. Ir a terapia. Hablar con alguien. Infinidad de estudios remarcan el apoyo social como medida sanadora en procesos difíciles. Es tan importante que le dedicamos un capítulo entero más adelante, pero ya te avanzo algo: si estás pasando por un momento difícil, no te lo guardes.

> Expresar lo que te pasa, contar con alguien de confianza, compartir el dolor... es una de las mejores formas de enfrentarse activamente a la situación.

Sentir que no estás solo, que hay alguien ahí contigo, que puedes contar con el amor de otra persona, es profundamente sanador para el cerebro. No lo subestimes.

MÁS TÉCNICAS PARA FORTALECER LA RESILIENCIA

La historia que nos contamos

Saber regular nuestras emociones es clave para desarrollar resiliencia. Para que el cerebro pueda encontrar su equilibrio, necesitamos interpretar adecuadamente lo que sentimos.

Una técnica muy potente para lograr esto se conoce como *cognitive reappraisal* o reevaluación cognitiva. Básicamente, se trata de reinterpretar una situación para cambiar el efecto emocional que tiene sobre nosotros. Las personas resilientes suelen usar este recurso con frecuencia, mientras que quienes tienen una mentalidad menos flexible tienden más a suprimir lo que sienten, intentando evitar las emociones en vez de enfrentarse a ellas y gestionarlas.

Dentro de esta técnica, hay una estrategia que el neurólogo y psiquiatra Boris Cyrulnik, uno de los grandes referentes en el estudio de la resiliencia, considera esencial para superar el trauma: contar lo que te pasó desde otra perspectiva, dándole un nuevo sentido.

La forma en que nos explicamos a nosotros mismos lo que vivimos, los pensamientos que tenemos sobre aquello que nos pasó, lo cambia todo. Cada pensamiento tiene un impacto real en nuestro cerebro. Ya vimos que el diálogo interno negativo activa la amígdala y el circuito del dolor, mientras que uno amable libera oxitocina y nos hace sentir cuidados.

Recordar o imaginar situaciones difíciles también activa esa misma amígdala, porque el cerebro no distingue entre lo real y lo imaginario. Por eso, revivir constantemente aquello que nos hizo daño puede acabar agotando nuestra neuroquímica positiva y dejarnos en un estado de tristeza crónica o depresión.

Cambiar la manera en la que nos contamos lo que ocurrió puede ayudarnos a calmar la amígdala y, lo más importante, a fortalecer zonas clave como la corteza prefrontal (CPF) y el hipocampo.

El hipocampo es esencial cuando hablamos de resiliencia. Es conocido por su papel en la memoria y el aprendizaje, pero también es muy necesario para enfrentarnos a situaciones estresantes. Nos ayuda a recordar qué hicimos en otras ocasiones parecidas y qué funcionó, y además graba lo que está pasando en ese momento para futuras experiencias.

El problema es que, bajo niveles muy altos de estrés, el cortisol puede bloquear el funcionamiento del hipocampo. Por eso, en casos de traumas fuertes, es común que no recordemos bien lo que pasó: simplemente, esa parte del cerebro no estaba operativa en ese momento. En cambio, sí se activa la amígdala, que guarda esa experiencia como una memoria emocional. Puede que no lo recordemos de forma consciente, pero el cuerpo y las emociones lo siguen sintiendo.

Como vimos, en momentos de mucho estrés, la amígdala secuestra al cerebro. Y cuando lo hace, las dos zonas más afectadas suelen ser, precisamente, el hipocampo y la CPF. Esta última es la que nos permite poner perspectiva, reflexionar y no actuar por impulso.

> Lo interesante es que, cuando una persona logra reinterpretar su historia —ya sea por medio de terapia, escritura personal (*journaling*), representaciones teatrales, constelaciones familiares...—, estas dos estructuras (hipocampo y CPF) se fortalecen y recuperan su papel regulador.

Reinterpretar no significa olvidar, sino crear una nueva forma de relacionarte con lo que ocurrió. Y esto, cuando sucede, puede transformar profundamente la manera en la que el cerebro procesa el pasado y filtra el presente.

La esperanza que tenemos

Hubo un experimento en particular que me impactó muchísimo y que da mucho que pensar cuando hablamos de estrategias para cultivar la resiliencia. Lo realizó en la década de 1950 el Dr. Curt Ritcher. Consistió en exponer unos ratones a distintos eventos estresantes. Una vez agotados de tanto sufrir, los tiraban a una pileta de agua (sí, un experimento muy cruel, la verdad). Ahí se vio que los ratones más resilientes seguían nadando, luchando por salir. Los más deprimidos, en cambio, se volvían pasivos y se dejaban ir (con consecuencias muy tristes, como ahogarse). Pero lo interesante es que, si antes de ahogarse los científicos los sacaban del agua, los sostenían un momento y luego los volvían a meter, su comportamiento cambiaba radicalmente. Volvían a luchar, no se rendían tan fácilmente. Como si aprendieran que no todo está perdido, que hay esperanza. Los autores concluían que ese *respiro*, esa sensación de que el sufrimiento puede terminar, aumenta la resiliencia. Impactante, ¿verdad?

Quizá por eso se dice que la esperanza es lo último que se pierde. Y quizá por eso también muchas personas sienten la necesidad de creer en algo más grande —en Dios, en el destino, en lo que sea— cuando están atravesando momentos difíciles.

Tener esperanza —esa sensación de que hay algo más allá del dolor— es un pilar fundamental para atravesar momentos traumáticos. A veces, simplemente recordar algo bonito que hemos vivido, o sentir que hay una fuerza que nos acompaña en el proceso, puede marcar una gran diferencia.

Para algunas personas, esa fuente de sentido y fuerza está en la espiritualidad, en una creencia religiosa o en una figura a la que admiran profundamente. Esa conexión les permite interpretar lo que están viviendo desde un lugar más positivo y les da el impulso para no rendirse.

CÓMO EL CEREBRO SE ADAPTA A LOS DESAFÍOS Y RECUPERA SU EQUILIBRIO

Ya hemos visto que el cerebro tiene una capacidad increíble para adaptarse, especialmente cuando atravesamos momentos difíciles. Esa capacidad se la debemos a la neuroplasticidad, que permite que nuestras redes neuronales se reorganicen en función de lo que vivimos y del entorno en el que nos movemos.

Cuando pasamos por una situación desafiante, el cerebro se pone en marcha para ayudarnos a salir adelante. Se activan zonas relacionadas con la regulación emocional, la flexibilidad cognitiva, la motivación, la empatía, la creatividad... e incluso con la autocompasión.

En concreto, las personas resilientes suelen presentar una amígdala menos activa (hay menos sobrerreacción emocional), mientras que el hipocampo y la CPF están más activos, funcionan mejor, presentan mejor regulación emocional y mayor claridad para adaptarse a la situación.

También entra en juego el circuito de recompensa del cerebro, que como vimos es clave para ayudarnos a mantenernos motivados y a aprender qué conductas nos acercan a nuestros objetivos. Este circuito está especialmente activo en personas resilientes porque estas tienden a ver los retos como oportunidades para crecer, para aprender, para superarse. Y lo más importante: creen que pueden lograrlo. Tienen una fuerte sensación de autoeficacia.

No podemos hablar de un cerebro resiliente sin hablar de su neuroquímica. Neurotransmisores como la dopamina, la oxitocina, la serotonina y el cortisol juegan un papel crucial en cómo respondemos y nos recuperamos del estrés. En equilibrio, estos mensajeros químicos nos protegen, nos calman y permiten adaptarnos.

Un estudio publicado en *Science* mostró que, en ratones, la resiliencia se relaciona con un aumento en la liberación de serotonina en una zona del cerebro llamada habénula. Esta área, que se activa frente al castigo o a las situaciones negativas, es como la hermana del circuito de recompensa: en lugar de ayudarnos a repetir lo que nos hace bien, nos enseña a evitar lo que nos hace daño.

Y en eso consiste también la resiliencia: en cómo el cerebro aprende, no solo de lo que nos da placer, sino también de lo que nos duele. En cómo se ajusta para ayudarnos a evitar lo que nos hace mal sin que eso signifique quedarnos bloqueados o vivir con miedo.

Por supuesto, la química cerebral no es igual en todas las personas. Los niveles y la actividad de estos neurotransmisores varían según la genética, el ambiente y las experiencias de vida. Y todos estos factores juntos influyen en cuán resiliente o vulnerable es una persona ante los desafíos.

> Sea como sea, no olvides que, aunque los momentos difíciles sean muy dolorosos, el dolor implica una intensidad emocional que puede impulsarnos a crecer personalmente.

La plasticidad neuronal es mayor cuanto mayor es la intensidad emocional. Y no se trata de regodearnos en el dolor o de quedarse en un estado cronificado de sufrimiento (eso no es nada sano), sino de saber enfrentarse desde esa presencia amorosa, y desde ahí poder crecer ante la adversidad (como le ocurre a la gran mayoría de las personas).

CAPÍTULO III

Segundo neuropoder. Transformación mental ultraelástica

El del éxcel existencial

Yo creo que el tipo de mentalidad —o *mindset*, que suena más *cool* y más caro— es básicamente cómo decides mirar el mundo. Si me preguntas qué mentalidad utilizo, te diría que es una mezcla rara: un poco estoico, un poco budista y un mucho «sálvese quien pueda».

El estoicismo me encanta porque te da esa idea de «*no te quejes, aguanta, tú puedes con todo*», que está muy bien... hasta que te das cuenta de que los estoicos no tenían que lidiar con llamadas de teleoperadores a la hora de la siesta. Ahí ya no hay Marco Aurelio que te salve.

Del budismo me atrae lo contrario: esa calma de «*fluye, suelta, no te aferres*». Pero claro, yo intento soltar, y lo primero que suelto es el gimnasio, la dieta y la agenda. Eso sí: espiritual quedo un rato.

Entonces, ¿qué hago? Pues convivo con esa contradicción absurda: por un lado quiero ser estoico, disciplinado, resiliente a lo yang..., y por otro quiero estar iluminado, zen, en paz con todo, a lo yin. Y la vida se encarga de recordarme que ni una cosa ni la otra: que soy humano, que a veces me levanto motivado como Séneca y otras veces derrotado como un monje que se durmió mientras meditaba.

Al final, mi mentalidad es esta: el mundo es un chiste raro, a veces cruel, a veces tierno..., y lo único que nos queda es reírnos mientras intentamos no caernos. Si Camus tenía razón y la vida es absurda, entonces lo más sabio no es resistir como un héroe ni fluir como un iluminado…, sino aguantar como un payaso filosófico, con la nariz roja puesta, diciendo: «*Vale, esto no tiene sentido, pero al menos yo me río*».

Transformación mental ultraelástica

Me encanta, porque esa mentalidad más estoica me recuerda a la cara yang de la resiliencia, mientras que la parte budista te pone en contacto con la cara yin. Esa combinación quizá es la que hace que desprendas esa *fuerza en calma* que te caracteriza. No eres de perder los nervios. Cuando algo va mal es como si te dijeras: «Sé que están pasando cosas chungas, pero tengo la confianza de que, ahora cuando me siente y me ponga a ello, seguro que algo se puede hacer para solucionarlas». Eso, y que no falte ese humor tan tuyo, que, como veremos, nos ayuda a abrir el campo de mira, a generar una mirada divergente y flexible, muy propia de las personas felices.

En este capítulo me gustaría mostrarte cómo es la mentalidad de las personas felices y resilientes. Nuestro *mindset* va a influir directamente en el tipo de estrategias que ponemos en marcha cuando las cosas vienen difíciles. Si tu mente está dominada por el miedo o la inseguridad, lo más probable es que enseguida te rindas ante las dificultades. En cambio, si confías en ti, si crees que puedes con lo que venga, te vas a encarar a ello, vas a sentir el control de tu vida, y eso, querido lector, seguramente te traerá buenos resultados.

> Si eres de los que te dices: «No puedo», «no soy suficiente», «todo me sale mal», «nunca estaré bien», «todo el mundo siempre será más feliz que yo», pues sabrás entonces que por mucho que desarrolles otros superpoderes difícilmente sentirás que eres feliz.

La buena noticia es que según la ciencia es posible cambiar nuestra manera de filtrar la realidad (incluso cuando uno ya roza la vejez). Este cambio de mentalidad no ocurre por arte de magia. Se da gracias a la plasticidad del cerebro, esa increíble capacidad que tenemos para cambiar, aprender y adaptarnos a lo que vivimos. El cerebro está en constante movimiento: se crean nuevas conexiones, otras se debilitan, se reorganizan circuitos e incluso, en algunos casos, se generan nuevas neuronas. Es un sistema vivo.

Ahora bien, si llevas tiempo en contacto con un entorno o mensajes mentales basados más en el miedo, el pesimismo o la inseguridad, eso deja huella. Muchos estudios muestran cómo buena parte de nuestro diálogo interno está moldeado por las voces que más escuchamos en nuestra infancia..., y sí, a veces seguimos con nuestro Pepito Grillo interior años después.

No solo influye lo que pasó antes, también lo que eliges hoy. Si te rodeas de personas que ven el vaso medio vacío, si te pasas el día escuchando noticias catastrofistas o consumiendo contenido que alimenta el miedo, es fácil que tu mente vaya por ese camino. Y desde ahí, claro, es más difícil activar tu fuerza interior, tu motivación o la confianza para hacer frente a los retos.

Cambiar de mentalidad del día a la noche no es tan fácil. Ferran, como bien sabes, ha pasado años invadido por la ansiedad y el miedo (incluso pasó meses sin poderse mover de la cama), y parece que de la noche a la mañana se convirtió en el tío guasón seguro de sí mismo que poco le importa el miedo. ¿Qué ocurrió en esa transición? ¿Cómo hiciste para cambiar tu *mindset* 360 grados?

Durante mucho tiempo, mi cabeza fue un parque de atracciones..., pero sin cinturón de seguridad: una montaña rusa emocional, casa del terror mental y una noria que no paraba nunca. Eso era mi ansiedad. Un viaje sin pausa donde el único premio era... seguir paralizado.

Yo siempre había sido de darle muchas vueltas a todo, un profesional del «*¿y si…?*». ¿Y si pasa esto? ¿Y si me sale mal? ¿Y si me miran raro? La ansiedad era mi compañera de piso invisible: no pagaba alquiler, pero estaba en todas partes. Y lo peor: siempre tenía algo que decir.

Recuerdo perfectamente el día en que me di cuenta de que no era estrés, ni cansancio ni una mala racha. Era ansiedad. Estaba en el bus, parado en un semáforo, y de repente el corazón se me disparó como si me persiguiera un tigre invisible. Empecé a sudar, a marearme, y mi cerebro gritaba: «¡Vamos a morir! ¡Y encima olemos todos a sudado!». Espóiler: no morí, claro, pero sí me asusté lo suficiente como para entender que tenía que cambiar algo.

Y ahí empezó mi proceso. No de curarme, sino de **entenderme**. Durante mucho tiempo intenté *luchar* contra la ansiedad, como si fuera un enemigo, hasta que me di cuenta de que no era un monstruo: era una alarma. Un sistema interno mal calibrado que saltaba incluso cuando solo se me caía el pan al suelo.

Mi mentalidad fue la que empezó a cambiarlo todo. Pasé de preguntarme: «¿Por qué me pasa esto?» a decirme: «Vale, me está pasando esto…, ¿qué puedo hacer con ello?».

Empecé a reírme de mis propios miedos. No como burla, sino como estrategia. Porque el humor, para mí, es la herramienta más terapéutica que existe. Si puedes reírte de lo que te asusta, ya lo estás mirando desde otro lugar. Un ataque de ansiedad no es menos duro, pero sí más manejable cuando te ves a ti mismo respirando como Darth Vader en el baño y piensas: «Bueno, al menos el cosplay me sale gratis».

Y poco a poco, con ayuda, terapia y mucha paciencia, mi cabeza fue bajando el volumen. Aprendí a escuchar mi cuerpo, a dormir, a decir que no, a no intentar controlar lo incontrolable. Y, sobre todo, aprendí a aceptar que la ansiedad no se *vence*: lo que se hace es reinterpretar el mundo. Y cuando la entiendes, deja de tener tanto poder.

Hoy puedo decir que sigo siendo una persona nerviosa, sensible, intensa…, pero ya no me peleo con eso. Descubrí que detrás de la ansiedad hay algo bueno: sensibilidad, empatía, energía, imaginación. Solo que, a veces, todo eso se desborda y la clave está en aprender a canalizarlo, no a reprimirlo.

Mi mentalidad cambió cuando dejé de exigirme ser invulnerable. Cuando entendí que estar bien no es no tener ansiedad, sino **no tenerle miedo**. Que la ansiedad, en el fondo, no es un castigo: es un recordatorio de que estás vivo, que sientes, que te importa.

Y si la vida a veces pesa demasiado, reírse un poco no lo soluciona todo…, pero te da aire para seguir respirando.

El poder de tu mente

En los últimos años se ha popularizado mucho hablar de «la mente que todo lo puede». Parte de esa fama quizá viene de figuras como Joe Dispenza, que atribuye a los pensamientos una capacidad casi ilimitada de transformar y sanar. Conviene matizar: hay afirmaciones que no están bien respaldadas por la evidencia. Aun así, sí sabemos algo con solidez científica: lo que pensamos condiciona cómo vivimos.

> Nuestros pensamientos filtran la realidad. Según la interpretación que hacemos de lo que ocurre, se activa en el cuerpo una u otra respuesta: cambian las hormonas del estrés, la frecuencia cardiaca, la tensión muscular y la motivación.

Ese *paquete* fisiológico puede impulsarnos a actuar con claridad y coraje o, por el contrario, arrastrarnos al bloqueo y el malestar. En eso reside el verdadero alcance de la mente sobre la experiencia diaria.

El ejemplo más potente y estudiado es el efecto placebo. Si a un grupo se le administra una pastilla inerte y se le asegura que aliviará sus síntomas, una parte significativa mejora de verdad: disminuye el dolor, baja la ansiedad, cambia su marcador fisiológico..., pese a que el *medicamento* no contiene principio activo alguno.

Eso no significa que la mente cure cualquier cosa, pero sí que puede influir de manera real en cómo nos sentimos y respondemos.

¿Por qué funciona el efecto placebo?

No hay una única explicación, pero sí un patrón repetido en neuroimagen: cuando tomamos un placebo baja la actividad de las áreas del dolor y sube la de las regiones de control y valoración (como la corteza prefrontal) y del circuito de recompensa.

La idea «esto me va a curar» pone en marcha una cascada fisiológica. Solo con esa expectativa, el cerebro libera dopamina y endorfinas, sustancias que alivian el dolor y mejoran el ánimo. En estudios de analgesia, los pacientes sintieron alivio justo cuando se les decía que recibían el fármaco, aunque la dosis real ya se hubiera administrado antes: el mensaje disparó el efecto. Por eso un medicamento puede tener doble beneficio: su acción farmacológica + el impulso de la expectativa.

Cuando la creencia manda... para bien y para mal

Si alguien confía en un producto porque *le han dicho* que funciona, es probable que note algún efecto, independientemente de la calidad del producto. Este es el terreno donde prosperan los discursos de los gurús. El efecto contrario se llama nocebo: creer que algo hará daño empeora los síntomas. En el mismo experimento de antes, cuando avisaron falsamente de que se cortaba el analgésico, las personas reportaron mayor dolor.

La ínsula y la interocepción

La interpretación mental modula cómo se siente el cuerpo.

La ínsula integra señales internas (hambre, dolor, fatiga) y *se las cuenta* al cerebro. El placebo/nocebo ajusta esa lectura: nuestras creencias pueden amplificar o atenuar la sensación. De ahí frases célebres como estas: «Cuando la realidad choca con una creencia rígida, pierde la realidad» (Anthony de Mello) o «Tanto si crees que puedes como si crees que no puedes, tienes razón» (Henry Ford).

Límites importantes

El placebo no lo cura todo: no reduce un tumor, no baja el colesterol por sí solo ni elimina infecciones. Puede modular síntomas (dolor, ansiedad, bienestar) y acompañar tratamientos, pero no sustituir la medicina adecuada.

Lo que crees, lo que creas

Nuestras creencias no son solo ideas flotando en la cabeza: empujan conductas. Por eso existe la famosa profecía autocumplida. Si doy por hecho que «esto me saldrá mal», me muevo con cautela, pospongo, hago lo mínimo..., y el resultado confirma mi predicción. «¿Ves? Tenía razón».

La creencia se refuerza y el bucle se cierra.

En depresión este círculo es especialmente duro. Predominan pensamientos pesimistas que generan emociones tristes; esas emociones colorean lo que vivimos y recogemos más pruebas de que *todo va mal*. La rueda gira sola. Salir exige introducir experiencias positivas (aunque apetezcan poco) para que aparezcan chispas de buen ánimo que, a su vez, faciliten pensamientos más amables. A veces también se sugiere cambiar la mentalidad..., pero no es tan sencillo.

> Piensa en el cerebro como una ciudad: cuanto más transitas una ruta, más se convierte en autopista. Con los pensamientos pasa igual. Repetir una forma de interpretar la realidad instala *programas automáticos*: caminos neuronales rápidos y baratos que el cerebro prefiere para ahorrar energía.

Eso es fantástico cuando el hábito te beneficia; es un problema cuando te sabotea. Si cada bajón termina en atracón de dulces, o si ante un reto aparece el «no puedo», tu autopista te lleva siempre al mismo sitio.

Aquí entra la atención consciente. Mirar lo que haces y lo que te dices *en piloto automático* abre la puerta al cambio; ignorarlo te deja prisionero de la ruta de siempre. Detectar un pensamiento que hunde y reemplazarlo por otro más útil es posible..., pero no siempre disponible.

¿Por qué? Porque ese cambio de pensamiento es trabajo de la corteza prefrontal (CPF), el director de orquesta. Cuando estás muy cansado, estresado, ansioso o triste, la amígdala sube el volumen y la CPF pierde fuerza. Traducido: baja la voluntad, sube la reactividad. De ahí que en los días difíciles *gane* el sofá al gimnasio o la tableta de chocolate a tu mejor intención. Forzarte a base de autocontrol cuando la CPF está en mínimos suele acabar en frustración: «Ni siquiera soy capaz de pensar en positivo».

Conclusión importante: no es que te falte carácter; es que tu neurofisiología no acompaña. Si intentas cambiar solo a golpe de fuerza de voluntad, te agotas. Ahora veremos otra vía para transformar la mentalidad que no depende tanto de empujar, sino de cómo observas y cómo intervienes en esos automatismos.

Antes, una pregunta que abre capítulo: ¿qué mentalidad comparten las personas que, en general, se sienten más felices? Vamos a desgranarla.

MENTALIDAD DE CRECIMIENTO

La psicóloga Carol Dweck, muy conocida por sus investigaciones en educación y desarrollo personal, descubrió que las personas resilientes suelen tener lo que ella llamó una mentalidad de crecimiento, en contraposición a una mentalidad fija.

¿Y esto qué significa? Pues que una persona con mentalidad fija cree que las cosas son como son y no pueden cambiar: que la inteligencia, por ejemplo, es algo con lo que se nace y punto, que no puedes hacerte más listo de lo que ya eres.

Los individuos con una mentalidad fija suelen vivir muy pendientes de lo que piensan los demás. Buscan aprobación externa constantemente porque temen que los demás descubran sus *limitaciones* o sus supuestas carencias. Por eso evitan exponerse o arriesgarse. En cambio, quienes tienen una mentalidad de crecimiento piensan justo lo contrario: creen que la inteligencia, las habilidades y las capacidades pueden entrenarse, desarrollarse, mejorarse con práctica, con esfuerzo, con formación, con experiencia.

También difieren mucho en cómo ven el talento. Para una persona con mentalidad fija, naces con lo que naces: si eres bueno en algo, es porque te viene de serie. Y si no lo eres, mejor ni lo intentes. Esto hace que se rindan fácilmente, o que ni siquiera se lancen a por ciertos retos por miedo a fallar. Al fin y al cabo, si creen que el esfuerzo es señal de poca habilidad, ¿para qué esforzarse?

En cambio, las personas con mentalidad de crecimiento ven los desafíos como una forma de crecer. Se lanzan a aprender cosas nuevas, a desarrollar habilidades, a probar y equivocarse si hace falta. Y cuando se equivocan, no se vienen abajo: lo ven como parte del proceso. No les asusta el error porque lo viven como aprendizaje, no como fracaso.

Esta forma de pensar marca una diferencia brutal cuando la vida se complica.

> Mientras unos se bloquean o se hunden, otros siguen adelante con una actitud más flexible y optimista. Es muy inspirador ver cómo estas personas avanzan porque tienen una motivación interna muy fuerte, quieren superarse, aprender más, mejorar. Se permiten soñar en grande y tienen la determinación para perseguir esos sueños, aunque se caigan por el camino.

Antes de que sigas, Sara, voy a colarme y aclarar algunas cosas sobre los errores. Voy a ser breve, aunque es un tema que me da para trilogía.

Mira, durante años los errores para mí eran básicamente juicios finales: el reflejo de que algo en mí no funcionaba del todo bien. Me los tomaba como ataques personales, no como parte del proceso. Era de esos que pensaban: «Si lo hago mal, es que soy un desastre», en lugar de «vale, esto no ha salido, ¿qué puedo aprender?».

Con el tiempo —y bastantes tropiezos— he ido cambiando el enfoque. Ahora los errores los interpreto más como mensajes del universo…, un poco pasivo-agresivos, eso sí, pero mensajes, al fin y al cabo. Son recordatorios de que la vida no se puede hacer en *modo borrador*. Hay que escribir, tachar y seguir escribiendo encima del desastre.

No diría que tengo una visión rígida de la vida, al contrario. He aprendido que la rigidez solo sirve para romperse antes. Prefiero pensar que puedo cambiar, mejorar, incluso desaprender si hace falta. Ser flexible no te evita el error, pero te ayuda a no quedarte atrapado en él.

Los errores, al final, son la forma más sincera que tiene la realidad de decirte: «Por ahí no, prueba otra vez». Y si lo piensas, esto es casi un acto de cariño. Te frena para que no te estrelles más adelante.

Así que sí, me sigo equivocando. A veces a lo grande. Pero ahora me río antes, aprendo más rápido y me disculpo mejor. Porque equivocarse no es lo contrario de acertar. Es lo contrario de quedarse quieto.

Sabía que enfocarías el tema más o menos así, Ferran. Para mí eres una persona con mentalidad de crecimiento. No hay duda.

Es muy interesante porque a nivel cerebral se ven diferencias importantes. En estas personas se activan más áreas implicadas en el aprendizaje, la motivación, el esfuerzo y la autorregulación emocional, por ejemplo, la corteza prefrontal (CPF), el hipocampo o la corteza cingulada anterior (CCA). También su amígdala —la que se dispara con las emociones negativas— responde con menos intensidad, lo que les permite mantenerse más reguladas emocionalmente, incluso en situaciones difíciles.

Las personas con mentalidad fija, en cambio, suelen liberar mucho más cortisol bajo presión. Además, tienen más activa la zona medial de la CPF, muy relacionada con el pensamiento autocentrado: están todo el tiempo pensando en sí mismos, preocupados por cómo los ven los demás. Este tipo de pensamiento más egocéntrico y autojuzgador puede volver más rígida la imagen que tienen de sí mismos, lo que les dificulta a la hora de tomar riesgos o abrirse a nuevas experiencias. Se encierran en su burbuja, en lo conocido, y desde ahí es difícil avanzar.

Por último, los individuos con mentalidad de crecimiento se alegran por los logros y éxitos de los demás, en vez de sentirse celosos por ellos, y en lugar de compararse constantemente, les gusta celebrarlos. También se preocupan cuando estos fracasan. Por último, aprecian las críticas constructivas porque saben que pueden ayudarlos a mejorar, en vez de sentirlas como ataques emocionales.

INGREDIENTES NECESARIOS PARA CAMBIAR TU *MINDSET*

La curiosidad mató al mal hábito

¿Cómo cambiamos creencias y pensamientos debilitantes por otros que nos impulsen sin exprimir la fuerza de voluntad?

Mirándolos con curiosidad. Solo eso.

El psiquiatra y neurocientífico Judson Brewer, referente en ciencia de hábitos, lo resume así: cuando observamos con curiosidad un hábito (mental o conductual), el hábito empieza a deshacerse. En su laboratorio lo han visto repetidamente.

Un hábito tiene tres piezas: señal (*trigger*) → conducta → recompensa. Ejemplo: señal «estoy nerviosa»; conducta «me atiborro de dulces»; recompensa «placer y calma».

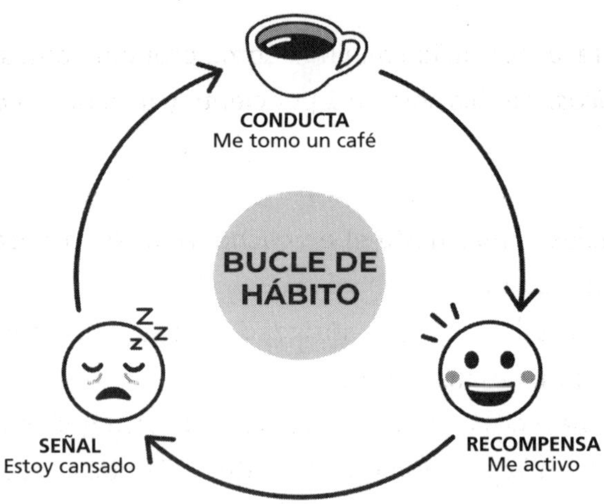

Fuente: *El cerebro de la gente feliz*

El cambio no empieza prohibiéndote nada, sino atendiendo, paso a paso, con la curiosidad de un niño:

- Cuando aparece la señal: nota cómo surge el ansia en el cuerpo, qué pensamientos llegan, qué emoción asoma.
- Mientras realizas la conducta: saborea la experiencia real, no la imaginada. ¿Qué sientes de verdad al comer eso, al hacer *eso*?
- Justo después: registra el efecto completo. ¿Hay calma auténtica o pesadez, culpa, somnolencia, irritación?

> Al sentir en primera persona que la *recompensa* no recompensa tanto, el cerebro deja de ver ese camino como valioso y el patrón pierde fuerza.

En estudios para dejar de fumar, este enfoque basado en el *mindfulness* resultó cinco veces más eficaz que otros programas. Cuando el cuerpo conoce el costo real, deja de compensar y aparece espacio para elegir.

Ahí entra la sustitución mínima. Como propone James Clear en *Hábitos atómicos*, cambia solo un 1 por ciento y deja que la bola de nieve crezca:

- Si sueles comer hasta el empacho, reduce un poco la cantidad y observa cómo te sientes.
- Si te lanzas al móvil por ansiedad, respira tres veces antes y mira qué ocurre en tu cuerpo.
- Si te machacas mentalmente, solo observa y, si te apetece, pon nombre a la emoción y pregúntate: «¿Dónde la noto?».

Después, es más fácil integrar esta nueva rutina si prestamos atención plena a lo que te hace bien de esta. Al reforzar —con curiosidad— la experiencia de una alternativa que realmente alivia, el cerebro ancla el nuevo hábito sin batalla épica de voluntad. Curiosidad primero; cambio después.

¿POR QUÉ OBSERVAR CON CURIOSIDAD EL HÁBITO ROMPE EL HÁBITO?

Primero, porque al tomar conciencia, interrumpimos el piloto automático. Dicho de otra manera, si no paramos el piloto automático siempre seguiremos haciendo lo mismo una y otra vez. Ahí sabemos seguro una cosa: nuestro futuro será igual que nuestro presente (y que nuestro pasado). No existe una posibilidad de cambio, solo perpetúo lo que ya hay. Queda claro entonces que necesitamos romper esa dinámica, y eso empieza observando lo que hay.

> «Hasta que lo inconsciente no se haga consciente, el subconsciente seguirá dirigiendo tu vida y tú le llamarás destino».
>
> CARL GUSTAV JUNG

Hacer el cambio a veces cuesta la vida porque si lo hacemos de manera forzada utilizando nuestra fuerza de voluntad ya vimos que la cosa se pone difícil. Como explicamos en la introducción podemos añadirle mucha motivación al proceso. La dopamina nos impulsa a ponerle energía al asunto sin coste, pero es cierto que hay días en los que uno puede sentirse más desmotivado y la energía decae. Por eso, podemos utilizar otra emoción positiva y motivadora (también liderada por la dopamina) que nos ayuda a parar y cambiar lo que va en piloto automático: la curiosidad.

La idea es llevar esa curiosidad a nuestra vida interior.

Parar, observar y conocernos a nosotros mismos, cómo funcionamos, cómo pensamos, es un mundo tan enorme e infinito que se convierte en algo muy estimulante para nuestro cerebro. De ahí que las personas se vuelvan adictas al crecimiento personal. Y es que no hace falta ir a dar la vuelta al mundo para descubrir cosas nuevas, basta con empezar a mirarnos para entrar en un mundo lleno de novedades. La curiosidad es querer descubrir cosas nuevas, nos impulsa a experimentar cosas nuevas. Es dopamina. Gracias a la curiosidad tenemos energía suficiente que nos motiva, nos lleva a *trabajar* en nosotros sin esfuerzo. Y si va de la mano de la oxitocina (mirarnos de manera curiosa y amable), pues aún mejor.

Como dice el neurocientífico David Bueno: «Satisfacer la curiosidad es una fuente inagotable de placer. Sin curiosidad no hay creatividad y la motivación y el optimismo decaen sin poder evitarlo». Por eso el *mindfulness* está teniendo tanto *boom* hoy en día. Creo que los neurocientíficos están aún sorprendidos de ver lo felices que son los cerebros de los meditadores expertos (como el del Matthieu Ricard, el monje budista francés, considerado por los científicos como «el hombre más feliz del mundo»). Estos meditadores no solo se sientan a meditar, también son expertos en trasladar esta actitud meditativa (observar sin juicio, desde la curiosidad, de manera amable) a su día a día. La manera que tienen de relacionarse con lo que les pasa se ve influenciada por esta mirada meditativa, y ahí todo cambia.

> No hace falta sentarse a meditar, hace falta sentarse a observar. Ni siquiera sentarse. Puedes hacerlo de pie o en cualquier otra postura. Lo importante es observar con curiosidad y de manera amable cada vez que sientas que te inunda una emoción desagradable.

Si en ese momento no tienes tiempo de parar y observar, puedes hacerlo luego en casa, escribiendo un diario, reflexionando en el sofá, o fuera de casa caminando, yendo en coche, o como a ti te vaya bien.

La curiosidad activa el circuito de recompensa, mejora la memoria, el aprendizaje y la atención. Las áreas cerebrales clave que participan cuando tenemos una actitud curiosa ante la vida son el mesencéfalo, la corteza prefrontal y el hipocampo. Esta activación hace que el cerebro entre en un estado óptimo para asimilar información, favorece la exploración de lo desconocido y potencia habilidades cognitivas como la resolución de problemas. Así que te diría que cuando te sientas mal pruebes a parar y observar. Observar de manera curiosa y amable, aquello que estás pensando, aquello que estás diciéndote o haciendo. Ese pequeño acto ya hace que uno se relacione de manera diferente con el contenido mental, que cambie el estado emocional y la neurofisiología que se libera ante esos pensamientos.

Una vez ahí, si te apetece, si te ves preparado, prueba a decirte algo diferente, a pensar algo diferente. ¿Qué diría o pensaría un amigo o conocido que siempre lo ves feliz y contento en esa misma situación? Prueba a decírtelo. Si no te convence, prueba a decirte algo parecido que haga *match* contigo. Yo tengo que confesar que muchas veces he utilizado a Ferran como esa persona referente para cambiar de mentalidad, ¡y me ha ayudado mucho!

La flexibilidad cognitiva

Hay otro ingrediente común en la mente de las personas felices con mentalidad de crecimiento: la flexibilidad cognitiva.

¿Y qué significa esto? Básicamente, es la capacidad de adaptarte mentalmente. De poder cambiar de pensamiento, de objetivo o incluso de estrategia cuando la situación lo requiere. Es esa habilidad para ver una misma situación desde diferentes ángulos, encontrar nuevas soluciones, alternativas creativas, y no quedarte atrapado en una única forma de ver o hacer las cosas. En poder soltar el control, dejar de luchar contra lo que no se puede cambiar y aprender a moverse con lo que hay.

La flexibilidad cognitiva forma parte de lo que llamamos funciones ejecutivas —esas capacidades que nos permiten planificar, tomar decisiones o mantener el control de lo que pensamos y hacemos—. Todas estas funciones están relacionadas con una red cerebral llamada frontoparietal, en la que la corteza prefrontal juega un papel clave.

Estrategias para desarrollar la flexibilidad cognitiva

Se ha visto que muchas prácticas basadas en *mindfulness* ayudan a desarrollar esta flexibilidad mental. Los expertos creen que esto puede deberse a varias razones. Por un lado, estas prácticas ayudan a relajar el cuerpo, calman la activación del eje del estrés (HHA), reducen la actividad de la amígdala..., y al bajar el nivel de estrés, las partes implicadas en la regulación emocional, como la CPF y el hipocampo, pueden funcionar mejor. Es decir, al calmar el cuerpo, la mente también se calma y puede entonces regenerarse.

Calmar el cuerpo también ayuda a tener un sistema nervioso flexible, capaz de pasar de un estado de calma a uno activo, que se adapta dependiendo de lo que la vida requiera. Esta capacidad de ajuste es muy beneficiosa: nos permite reaccionar con energía cuando hace falta, pero también encontrar la tranquilidad cuando la necesitamos.

Cómo responde nuestro corazón, cómo es la variabilidad de la frecuencia cardiaca, es clave para medir esta flexibilidad. Respirar profundo, encontrar momentos de calma o meditar ayudan a fortalecer el nervio vago (a ganar en tono vagal) y flexibilizar este sistema nervioso.

> Hay científicos que afirman que «la calidad de tu vida depende de la calidad de tu sistema nervioso».

La meditación también entrena el paso entre dos redes: la red neuronal por defecto (RND) y la red ejecutiva. La RND es aquella que se activa cuando divagamos, cuando nos distraemos y empezamos a pensar en nuestras cosas de manera involuntaria. La red ejecutiva, en concreto, la CPF dorsolateral, se activa cuando estamos atentos a lo que hay en el presente. La gracia de ser flexible es poner nuestra atención en aquello que lo necesita, pasar de una red a otra cuando es necesario.

Por ejemplo, si me quedo enganchada *en bucle* con algo y quiero dejar de pensar en ello y estar presente, tengo que dejar de estar en la RND para entrar en la red ejecutiva. Este paso se da gracias a la red de saliencia, formada por la corteza cingulada anterior (CCA) y la ínsula. Esta red actúa como un interruptor, nos ayuda a pasar de una red neuronal a otra, según lo que la situación requiera. Muchos científicos apuestan que la felicidad es poder conseguir un buen baile entre estas tres redes, y la CCA constituye un área clave para ello. Una persona me dijo una vez: «Uno es feliz cuando tiene la flexibilidad de cambiar de un estado mental a otro». Por eso, cuando pienso en la flexibilidad cognitiva, pienso sobre todo en ser capaz de *desengancharse* de un estado mental cuando no es necesario. La meditación justamente te ayuda a ello.

En concreto, la filosofía budista, base de muchas de estas técnicas, propone algo muy potente: observar lo que pensamos o sentimos desde una actitud de ecuanimidad. Es decir, mirar sin juicio, sin identificarnos con eso que está pasando. Como si fuéramos un observador interno, testigo de nuestra propia experiencia. Quizá ser flexible va mucho de que la vida pueda pegarte sacudidas, pero al cabo del tiempo puedas volver a ese estado de paz y bienestar interno pleno.

También creo que la capacidad de sostener pensamientos o emociones opuestas —la ambivalencia de la que hablábamos en el capítulo anterior— sin que eso nos abrume o nos bloquee puede ayudarnos a ganar en flexibilidad mental. Nuestro cerebro, por defecto, busca certezas. Le encantan las etiquetas, lo claro, lo fácil. Le cuesta convivir con la contradicción. Le es más fácil pensar de manera polarizada. Pero la vida rara vez es blanco o negro. La mayoría de las veces es una mezcla de los dos. Y aprender a estar ahí, en medio del gris, sin que eso nos genere conflicto interno, es un gran signo de flexibilidad mental. Para mí, desarrollar este rasgo es un paso enorme hacia el bienestar emocional. Y aquí la ecuanimidad, que se cultiva al meditar, de nuevo nos puede echar una mano: observar sin juicio, aceptar sin resistencias, mantenernos en equilibrio.

Otra gran herramienta para cultivar esta flexibilidad —y también la felicidad en general— es el ejercicio físico. Admiro mucho a los deportistas de élite. No solo por lo que logran, sino por todo lo que tienen que atravesar para llegar allí. El esfuerzo, la constancia, la capacidad de superarse... Han de trabajar muy duro, mantener una mentalidad de crecimiento y una gran flexibilidad mental para adaptarse a los retos del camino. El ejercicio físico no solo mejora la salud a nivel biológico —como la función cardiovascular o la reducción de la inflamación—, también ejerce un impacto neuronal y psicológico enorme. Aumenta nuestra motivación, nos permite afrontar los problemas desde un lugar más activo, refuerza la autoestima y la sensación de eficacia personal. Y, como veremos más adelante, es una de las prácticas que más favorece la plasticidad neuronal, o sea, cambios plásticos que afectan positivamente regiones como la corteza prefrontal o el hipocampo, que nos ayudan a pensar mejor, a regularnos mejor.

Algo que nos ayudará también a desarrollar la flexibilidad cognitiva es cultivar el humor en nuestro día a día. Ferran puede dar fe de ello. Muchos estudios ven una correlación clara entre humor, flexibilidad cognitiva y creatividad.

> El humor ayuda a que salgamos de la mirada estrecha, convergente, que aparece cuando estamos en modo alerta; ayuda a liberar el estrés y pasar a una mirada divergente, aquella que nos hace ver más allá, que nos aporta apertura, espaciosidad y confianza en la vida.

Exacto, Sara. Estoy convencido de que si todo lo miras demasiado en serio… estás perdido. El mundo, en el fondo, es un chiste. A veces de mal gusto, sí. Pero un chiste al fin y al cabo. Un poco Camus, un poco *El club de la comedia*. Camus decía que la vida es absurda: trabajamos, corremos, sufrimos…, y al final todos terminamos en el mismo sitio. La diferencia está en que algunos hacen yoga en el camino, y otros, botellón. Y al final, ninguno tiene razón: lo importante es que, mientras dure el viaje, se sepa disfrutar el trayecto, aunque a veces lo hagas en chanclas por un camino lleno de baches.

Si el mundo ya es absurdo, lo único que nos queda es interpretarlo con humor. Y con cariño, también. Reírse, pero no desde el cinismo, sino desde la ternura de quien acepta que todo es un poco caótico… pero hermoso.

¿Qué haces si no, cuando ves que los políticos discuten como niños en un recreo, o que el precio del café sube más rápido que tu sueldo? O te deprimes… o te ríes. Y si te ríes, por lo menos el café te sabrá mejor, aunque te arruine.

Yo prefiero reír, aunque sea con cara de «esto no puede estar pasando, ¿no?». Cuando te ríes, algo se libera. El humor es como abrir una ventana en una habitación que huele a seriedad.

El *mindset*, para mí, es eso: aceptar que la vida es tragicómica. Que somos personajes de una obra de teatro mal dirigida, pero con actores secundarios maravillosos. Y que, como decía un buen amigo, si la vida te da limones… al menos échales tequila, invita a alguien y brinda por estar vivos.

Yo tuve mi epifanía del absurdo en una reunión de trabajo. Llevábamos dos horas discutiendo sobre… el color de un éxcel. Sí, el color. Un grupo de adultos con carrera universitaria, con responsabilidades, debatiendo si las celdas debían ser verdes o azules. Ahí me salió mi Camus interior: «La vida no tiene sentido, estamos destinados al vacío». Pero también me salió mi Groucho Marx interior: «¡Estamos discutiendo sobre un semáforo digital! Esto es Monty Python en versión PowerPoint». Y mientras los demás se peleaban por los tonos, yo empecé a reírme solo. Esa risa que se te escapa y hace que te tiemblen los hombros, y todos piensan que estás teniendo un ataque de tos o de lucidez. Y fue justo ahí, entre una celda verde y una celda azul, donde entendí algo importante:

no puedes controlar el mundo, pero sí puedes decidir el tono con el que lo miras. Y si eliges el humor, todo pesa un poco menos.

Así que sí, el *mindset* lo puedes elegir. Puedes tomarte la vida como un examen serio en el que siempre vas a suspender... o como un sketch de humor con improvisación libre. El mundo sigue siendo absurdo, claro, pero si lo aceptas, y encima te ríes, de repente deja de ser un castigo y se convierte en una anécdota. Y ahí está el truco: entender que el sentido de la vida no hay que encontrarlo..., hay que disfrutarlo, aunque a veces venga contado como un mal chiste.

La creatividad en el cerebro

La flexibilidad cognitiva nos dirige hacia un tipo de pensamiento divergente, abierto, donde la creatividad y la curiosidad son claves. Hemos hablado sobre la curiosidad, pero, ahora bien, ¿cómo es el cerebro de una persona creativa?

Un cerebro creativo sabe pasar de un pensamiento difuso y abierto (el divergente) a uno más enfocado y dirigido (el convergente). Y aquí aparece una red cerebral clave en este proceso de transición: la red de saliencia (te suena, ¿verdad?). Gracias a esta red, las personas creativas pueden pasar fácilmente de la red neuronal por defecto (RND), implicada en el pensamiento divergente, más imaginativo, a la red ejecutiva, asociada al pensamiento convergente, focalizado.

Antes se pensaba que la creatividad era simplemente la capacidad de imaginar cosas nuevas. Ahí, la RND tomaba mucho protagonismo. Hoy se valora también otra parte: que esas ideas tengan un valor y puedan plasmarse en algo real. Sin eso, no hablamos de creatividad, hablamos solo de fantasía. Como dice una frase que me encanta: «La creatividad implica poner tu imaginación a trabajar». Entonces entra en juego la red de control ejecutiva, liderada por la corteza prefrontal (CPF).

> Es decir, la creatividad real no es solo imaginar cosas nuevas, sino saber elegir cuáles de esas ideas tienen valor y cómo materializarlas.

Por último, tanto la creatividad como la curiosidad activan la corteza orbitofrontal, una de las partes más vinculadas a la felicidad, así que ser creativo y curioso nos hace sentir bien.

A ver, Sara, déjame que me cuele un momento para terminar el capítulo sobre creatividad y flexibilidad cognitiva. Porque claro, desde fuera parece un concepto muy serio, científico…, pero mi experiencia personal tiene su propia opinión. Yo no he aprendido a ser más flexible leyendo manuales de psicología, sino sobreviviendo al caos cotidiano. Así que, desde ese lugar me atrevo a hacer mi propia lista. No es oficial, no está en ningún libro de neurociencia…, bueno sí, ahora en este… En fin, aquí va.

TIPS ABSURDAMENTE ÚTILES PARA LA CREATIVIDAD Y LA FLEXIBILIDAD COGNITIVA

1. Cambia de camino
   Siempre vas por la misma ruta al trabajo. Cámbiala. Da igual si llegas tarde: la flexibilidad empieza cuando tu cerebro entiende que Google Maps no es tu jefe.
2. Haz el ridículo a propósito
   Canta en la ducha como si fueras Pavarotti… aunque desafines como un grillo resfriado. Reírte de ti mismo es el gimnasio de la flexibilidad mental.
3. Habla con desconocidos
   No con todos, que hay gente rara. Pero de vez en cuando una

conversación absurda en el súper puede darte más creatividad que un curso de coaching de 300 euros.

4. Invéntate soluciones tontas
   Si algo se rompe, no lo arregles enseguida: primero imagina cómo lo resolvería un vikingo, un astronauta o tu abuela con ganchillo. La creatividad es básicamente jugar en serio.

5. Cambia de opinión por deporte
   Defiende algo durante cinco minutos y luego defiende lo contrario. Es como yoga mental: duele al principio, pero luego estiras ideas que ni sabías que tenías.

6. Abraza el error
   Si la cagas, ríete. Cada fallo es una invitación gratis a la creatividad. ¿O acaso la rueda no se inventó porque alguien la cagó construyendo un cuadrado?

7. Haz preguntas absurdas
   «¿Y si los árboles pudieran mandarnos wasaps?». La flexibilidad cognitiva no nace de respuestas geniales, sino de preguntas ridículas que te obligan a pensar distinto.

La creatividad y la flexibilidad cognitiva no se entrenan siendo perfectos, sino jugando con lo imperfecto. El mundo ya es suficientemente serio. Tu mente necesita un poco de caos, de humor y de absurdidad para estirarse. Al final, pensar flexible es como hacer pilates cerebral: puede doler un poco..., pero te evita acabar mentalmente encogido. No sé..., al menos así lo veo yo.

CAPÍTULO IV

Tercer neuropoder. Megavisión del mañana

Ese en el que imaginé abdominales y conseguí croquetas

Todo el mundo dice que hay que ser optimista. Que hay que proyectarse al futuro con mentalidad positiva, visualizar lo que quieres. Y yo lo intento, de verdad..., pero mi problema es que, cada vez que visualizo el futuro, me da risa.

En teoría el optimismo es pensar que «todo va a salir bien». Pero la vida ya me ha demostrado varias veces que si algo puede salir mal... normalmente se adelanta. Mi optimismo siempre choca contra la realidad como una gaviota contra un ventanal.

Además, me encanta cómo lo venden los libros de autoayuda: «Imagina lo que deseas y el universo conspirará para dártelo». ¿Ah, sí? Yo llevo diez años imaginando abdominales y el universo solo me da croquetas. Creo que mi universo conspira con mi nevera.

La proyección futura es otra trampa. Todos proyectamos, pero ¿cuántas veces tu futuro se parece a lo que planeaste? Yo a los dieciocho me proyectaba a los treinta como un tipo exitoso, con dinero, viajando por el mundo... Llegaron los treinta y lo más exótico que hice fue aprender a poner lavadoras sin que la ropa encogiera.

Mi mayor choque entre optimismo y futuro fue cuando me compré una agenda de esas que prometen *organizar* tu vida. Tenía frases motivacionales, planificadores semanales, espacios para anotar metas. Yo estaba convencido: «¡Este es el año en que todo cambia!». La primera página decía: «¿Dónde te ves en cinco años?». Yo me puse creativo: «Con casa propia, emprendimiento exitoso, cuerpo atlético, viajando a Japón con los niños». Lo escribí con tanta fe que casi escuchaba la música épica de fondo.

Tres meses después la agenda estaba abandonada en un cajón, yo seguía sin abdominales y lo más cerca que estuve de Japón fue pedir sushi por Glovo. Eso sí: gracias al optimismo, todavía guardo la esperanza de que algún día esa agenda se llene sola.

Ahí entendí que el optimismo real no está en proyectar lo perfecto, sino en no perder la risa cuando nada sale como lo planeaste. Porque, al final, proyectar el futuro es como intentar doblar una sábana bajera: nadie sabe cómo hacerlo bien, pero igual lo intentamos.

Yo creo que el optimismo no es pensar que todo saldrá bien, sino confiar en que, aunque salga mal, tú vas a encontrarle la vuelta. El futuro nunca es como lo proyectamos, siempre es más raro, más incómodo y más caro. Si lo tomas con humor, da igual, porque lo importante no es adivinar el futuro, sino llegar hasta él con ganas de reírse.

Megavisión del mañana

¿Cómo es el cerebro de una persona optimista?

Antes de entrar en materia, me gustaría aclarar a qué nos referimos cuando hablamos de optimismo. Muchas veces se tiene una idea distorsionada del término. Al escuchar «optimista» es posible que te venga a la mente alguien que siempre está sonriente, que cree que todo va a salir bien pase lo que pase y que ve la vida como algo perfecto y sin tropiezos. Un poco lo que le pasa a Ferran cuando definía lo que para él era el optimismo. Pero ese tipo de optimismo, tan exagerado, en realidad no es sano ni realista. De hecho, puede llevar a subestimar los riesgos, a tomar malas decisiones y a no aprender de los errores. Un ejemplo claro sería alguien que, pese a estar perdiendo dinero, sigue apostando convencido de que «esta vez sí».

Este tipo de optimismo extremo no es adaptativo. Y probablemente por eso, en lugares como España, muchas veces se asocia el optimismo con la ingenuidad o incluso con la ignorancia. De ahí que muchas personas, aunque estén ilusionadas o satisfechas con su vida, tiendan más a la queja o al sarcasmo como forma de expresión.

En cambio, en otros países, como Estados Unidos, el optimismo se valora mucho más. Allí se celebra la actitud positiva y se tiende a creer que, si uno es optimista, podrá con todo y la vida le sonreirá.

¿Qué significa ser optimista (en su justa medida)?

En el mundo científico no hay una única forma de definir el optimismo, pero sí existen varias aproximaciones que nos pueden ayudar a entender mejor de qué hablamos.

Una forma sencilla de verlo es que una persona optimista es aquella que, cuando piensa en el futuro, tiende a imaginar que le esperan más cosas buenas que malas. Tiene una visión global positiva de lo que está por venir.

Otra manera de definir el optimismo es asociarlo con la confianza en que uno podrá alcanzar sus objetivos y, no solo eso, también en que sabe cómo hacerlo. Es decir, no basta con pensar «voy a lograrlo», sino que además hay una motivación real y una idea clara de los pasos que se deben seguir. El optimismo, en este sentido, es pragmático, muy ligado a la acción.

También podríamos entenderlo como lo opuesto al pesimismo.

> Mientras que una persona pesimista suele pensar que lo malo que le ocurre es por su culpa y que durará para siempre, la persona optimista interpreta los fracasos como algo puntual, que tienen más que ver con circunstancias externas o temporales.

Lo mismo sucede con los logros. Una persona optimista tiende a pensar que sus éxitos son fruto de su esfuerzo o sus habilidades. En cambio, una persona más pesimista podría atribuir esos mismos logros a factores externos, como la suerte. Las investigaciones han observado que, cuanto más creemos que merecemos lo bueno que nos pasa (y que lo que conseguimos está alineado con lo que valemos), es más probable que atribuyamos el éxito a nosotros mismos.

Otra cosa que caracteriza a las personas optimistas es que suelen sentirse bastante satisfechas con sus vidas, y en parte esto se debe a que tienden a recordar más lo bueno que lo malo. Su memoria parece estar afinada para guardar lo positivo y dejar en segundo plano —o incluso borrar— lo negativo, aunque este haya sucedido con frecuencia.

La neurocientífica Tali Sharot, una de las mayores expertas en el estudio del optimismo, sostiene que la mayoría de las personas tendemos a ver la vida con cierto sesgo positivo. Según ella, alrededor del 80 por ciento de la población presenta lo que se conoce como sesgo optimista.

Algunos investigadores creen que este sesgo tiene raíces evolutivas y que, lejos de ser una simple distorsión, en realidad cumple una función adaptativa. Nos ayuda a mantenernos en movimiento, a afrontar mejor el estrés y a tomar decisiones desde la esperanza más que desde el miedo.

Un ejemplo muy claro de esto es cuando pensamos que las cosas malas «les pasan a otros». Como cuando una persona fuma y, aunque lea «el fumar mata» en la cajetilla, no cree que eso vaya con ella. Esta sensación de invulnerabilidad es una expresión del sesgo optimista: el cerebro minimiza la probabilidad de que algo negativo le ocurra a uno mismo.

Desde fuera puede parecer una forma de autoengaño. Y, en cierto modo, lo es. Pero, ojo, porque también existe el extremo contrario: el sesgo pesimista. En ese caso, uno imagina constantemente escenarios negativos y anticipa lo peor, aunque no haya razones objetivas para pensar que así será.

Como bien dice el filósofo Bernat Castany en su libro *Una filosofía del miedo*, «a la imaginación catastrofista le gusta confundir la posibilidad con la probabilidad». Ni uno ni otro sesgo muestra la realidad con precisión, pero parece que, cuando el autoengaño es en clave optimista, puede jugar a nuestro favor.

> Desde los inicios de la humanidad, una especie de impulso natural ha llevado a la mayoría de las personas a cultivar el optimismo. Lo vemos reflejado en el deseo de vincularse con otros, en la capacidad de adaptarse a los cambios, en la motivación por avanzar y crear, en los grandes descubrimientos y en la búsqueda del bienestar común.

Como decía una cita célebre: «Ningún pesimista ha descubierto el secreto de las estrellas, ni ha navegado por mares desconocidos ni ha abierto una nueva puerta al espíritu humano».

La ciencia respalda lo poderoso que puede ser el optimismo en nuestra salud. Numerosos estudios han mostrado que las personas con una actitud más positiva ante la vida tienden a tener una mejor salud física, especialmente cardiovascular. También parecen estar más protegidas frente a trastornos mentales, presentan menos síntomas psicosomáticos y, para sorpresa de nadie, ¡viven más años!

Una de las razones por las que esto sucede es porque los optimistas suelen tener una mayor variabilidad en la frecuencia cardiaca (VFC), lo que indica que su corazón se adapta fácilmente a distintas situaciones, que tienen facilidad para pasar de un estado activo a uno relajado. La VFC se calcula mirando lo variable que es el tiempo entre latido y latido. Si la diferencia temporal entre latidos es siempre la misma no hay variabilidad. Esto no nos interesa. Cuanta más alta sea la VFC mejor conexión entre la amígdala y la corteza prefrontal, lo cual favorece una buena regulación emocional y mayor claridad mental.

Por otro lado, sentir con frecuencia emociones desagradables o negativas puede pasar factura al cuerpo. Como vimos, el estrés sostenido es tóxico tanto para el cuerpo como para el cerebro.

Las personas optimistas tienden a estar más motivadas para cuidar su bienestar. Confían en que las cosas les irán bien, y eso les lleva a actuar en consecuencia, a prevenir, a poner recursos en marcha. Curiosamente, esa actitud puede acabar convirtiéndose en una profecía autocumplida: como creen que estarán bien, se comportan como si así fuera, y eso mismo les ayuda a estar realmente mejor.

Ferran, ahora que sabes lo que es el optimismo realista, ¿te consideras una persona optimista? Si es que sí, ¿qué factores crees que son claves para serlo? Si crees que no, ¿has hecho alguna vez algo para lograr serlo? ¿Cómo te ha ido?

Diría que soy optimista…, pero con contrato temporal. Es decir, creo que las cosas pueden salir bien, pero también sé que a veces el mundo tiene días en los que ni se molesta en peinarse. Para mí, el optimismo realista es como llevar paraguas un día soleado: no es que espere que llueva, es que sé que, si llueve, no me voy a mojar.

Los factores clave no tienen nada que ver con repetir frases motivacionales delante del espejo —yo lo intenté y acabé sintiéndome como si estuviera intentando convencer a un desconocido de que me alquilara su piso—. Más bien se trata de aceptar que las cosas malas pasan, que a veces los planes se rompen, y que aun así puedes buscar lo que sí merece la pena.

Lo que no compro es el positivismo extremo, ese que dice «todo pasa por algo», como si la vida fuera una novela con final feliz garantizado. A veces las cosas simplemente suceden y no traen moraleja. En mi experiencia, ser optimista de verdad no es negar los problemas, sino mirarlos de frente, calcular el daño y, si es posible, reírte un poco antes de seguir andando.

La neurobiología del optimismo

El optimismo tiene una base cerebral que aún no está del todo clara. Muchos estudios nombran dos áreas clave que están más activas en personas optimistas: la corteza cingulada anterior (CCA) y la corteza prefrontal (CPF).

La CCA actúa como un radar interno. Detecta lo relevante en el entorno o en nuestro mundo emocional y dirige nuestra atención hacia ello. Nos ayuda a estar presentes y conectados con lo que está ocurriendo, en lugar de vivir en piloto automático. Junto con la ínsula, forma la, ya nombrada, red de saliencia, que favorece pasar de un estado de distracción a un estado de presencia. Esta red también facilita el equilibrio entre estar centrados y permitir cierta divagación mental, que también es necesaria.

En concreto, la parte rostral de la CCA está relacionada con la capacidad de imaginar futuros positivos y con la autoobservación emocional, dos habilidades que caracterizan a las personas optimistas.

La CPF, y en concreto, el giro frontal inferior (GFI) también es importante. Esta región está implicada en el autocontrol, la regulación emocional y la atención. Nos permite centrarnos en lo importante y filtrar estímulos negativos. En personas optimistas, la parte izquierda del GFI —más relacionada con emociones positivas— suele estar más activa, mientras que la derecha —más relacionada con emociones negativas— presenta menos actividad. Lo opuesto ocurre en personas con depresión.

> Estas diferencias explican por qué los optimistas suelen presentar una mayor resistencia emocional, enfocándose más en lo positivo, mientras que los pesimistas tienden a fijarse más en lo que no va bien.

El optimismo también se traduce en un estilo de vida distinto: las personas optimistas tienden a mantener el esfuerzo incluso ante dificultades, mientras que los pesimistas suelen evitar el reto y refugiarse en distracciones poco útiles. Ponen en marcha estrategias de afrontamiento activas más que pasivas.

Ser optimista no es solo pensar que todo saldrá bien (futuro), sino también saber disfrutar de lo que hay (presente) y recordar lo bueno del pasado. Aquí entra en juego otro gran protagonista: el circuito de recompensa del cerebro. Este sistema nos permite aprender de las experiencias agradables y disfrutar de ellas en el presente. También se activa cuando sentimos tanto alegría como nostalgia al recordar nuestro pasado.

Activar este circuito, elevar la dopamina, hará que prestemos más atención a lo positivo y menos a lo negativo. Esto refuerza una actitud optimista.

Aunque hay un componente genético en la tendencia al optimismo o pesimismo, se ha visto que el pesimismo es más heredable que el optimismo. Es más fácil aprender a ser optimista que desaprender el pesimismo. Por eso, en lugar de luchar contra nuestras creencias negativas, tiene más sentido trabajar en fortalecer nuestra capacidad de ver lo bueno, confiar y disfrutar de la vida.

Igual que con la resiliencia, existen muchos ingredientes para desarrollar un cerebro optimista. Muchos de ellos los iremos viendo a lo largo del libro, como el humor o la gratitud (atención, espóiler). Aquí me gustaría centrarme en un aspecto clave y en el que Ferran no cree demasiado (aunque quizá cambie su visión cuando lo lea): proyectar un futuro favorable.

Estrategias para desarrollar un cerebro optimista

Un cerebro optimista posee la habilidad de anticipar un futuro favorable. Una persona optimista tiene esa creencia interna de que, aunque ahora estés pasándolo mal, vendrán tiempos mejores.

Cuando el presente se vuelve abrumador, incluso insoportable, recordar que hay un futuro —y que este puede ser positivo— tiene un efecto reparador. Por eso hay muchas personas a las que les sirven frases como esta: «Esto también pasará». Nos recuerda que todo es temporal, transitorio. Para mí, repetirme «todo pasa» al inicio de la maternidad fue clave.

Aunque no sepamos realmente qué ocurrirá, si además somos capaces de visualizar un futuro esperanzador, calmamos al cerebro y fortalecemos nuestro bienestar emocional.

Nuestro cerebro está constantemente haciendo predicciones. Según neurocientíficos como Karl Friston, su objetivo es minimizar errores de predicción: quiere anticipar lo que ocurrirá y así reducir la incertidumbre.

> Esto explica por qué cambiar nuestros patrones mentales no es fácil. El cerebro está diseñado para ahorrar energía y repetir lo conocido, aunque eso implique pensamientos pesimistas.

Por tanto, si queremos construir una visión más positiva del futuro, necesitamos reentrenarlo conscientemente. Aquí te propongo algunas estrategias que pueden ayudarte:

1. Reestructuración cognitiva (*top-down*):
   Desde tu corteza prefrontal (CPF), puedes empezar a observar los pensamientos pesimistas y reemplazarlos activamente por otros más optimistas. Una buena idea es tener preparada una lista de frases o pensamientos positivos para usar en esos momentos. No hace falta que sean frases motivacionales de Mr. Wonderful, sino frases que para ti suenen realistas y auténticas: «Sé que esto es difícil, pero puedo intentarlo». Otra opción es preguntarte: «¿Qué diría esa persona optimista que conozco en esta situación?».

2. Debate socrático:
Cuestiona tus pensamientos negativos con preguntas tipo: «¿Esto que estoy pensando es realmente cierto? ¿Tengo pruebas? ¿Qué otra explicación podría haber?». Si te pillas diciendo «Todo me sale mal», párate y busca si existe un contraejemplo: «Vale, hoy fallé, pero ayer sí lo conseguí». No se trata de engañarte, sino de reducir ese sesgo pesimista.

3. Exposición (*bottom-up*):
En lugar de solo pensarlo, pon a prueba tus creencias negativas actuando. Por ejemplo, si crees que todo irá mal si hablas en público, pruébalo en un entorno seguro y observa el resultado real. Esto permite que el cerebro actualice sus predicciones desde la experiencia.

4. Tolerar la incertidumbre:
El pesimista quiere controlarlo todo para no sufrir. El optimista acepta que no puede saber el futuro, pero confía en que podrá gestionarlo, justo lo que expresaba Ferran al inicio del capítulo. Así que también puedes entrenarte a soportar lo desconocido con pequeños retos, exponiéndote a situaciones que te crean un poco de incertidumbre (ir a un sitio nuevo, quedar con gente nueva, probar una actividad diferente).

5. Cuidar el cuerpo y el estrés:
Para que la CPF funcione bien y puedas pensar con claridad, necesitas energía (la CPF consume muchos recursos). Como dice la neurocientífica e ingeniera Ana Ibáñez: «La base para tener pensamientos positivos es tener energía suficiente para generarlos». Así que descansa, reduce el estrés y cuida tu cuerpo; sin esto, no habrá claridad mental que valga.

6. Desafía tus predicciones pesimistas:
Otra forma muy potente de entrenar el optimismo es retando

tus predicciones pesimistas. Es decir, atreviéndote a imaginar un final más positivo del que esperas. Este tipo de estrategia, más *bottom-up*, funciona genial para darle al cerebro nuevas referencias con las que construir un futuro más esperanzador.

> Y aquí viene lo interesante: si esa anticipación positiva acaba cumpliéndose, nuestro cerebro lo registra, y con el tiempo vamos desarrollando un sesgo optimista más fuerte.

Cuanto más anticipemos cosas buenas, y más veces se cumplan, cuanto más aciertes, más optimista te irás haciendo. Mi recomendación para empezar con este juego es que empieces imaginando un buen resultado con situaciones muy simples. Por ejemplo, puedes pensar que pasar la tarde con tu amigo te sentará genial o que este informe le encantará a tu jefe. Si después esta anticipación positiva se hace real, sumamos punto positivo para crear un cerebro optimista.

¿QUÉ PASA EN TU CEREBRO CUANDO ANTICIPAS LO PEOR?

Cuando esperas que algo salga mal, se activa una parte del cerebro llamada habénula, relacionada con el castigo. Esta inhibe tu sistema de recompensa y bloquea la dopamina, esa sustancia que te motiva y te hace sentir bien.

En cambio, cuando imaginas algo positivo, tu cerebro anticipa recompensa, libera dopamina y eso fortalece tus ganas de seguir probando, creciendo, aprendiendo.

> Así que, si todo lo haces solo para evitar castigos o miedos, te será muy difícil aprender desde lo positivo y construir una mentalidad optimista.

Además, no solo importa lo que pasa, sino cómo te sientes mientras pasa. Si vives una experiencia con una emoción positiva y sale bien, tu cerebro la graba con ganas y te impulsa a buscar más momentos parecidos. Esto es puro condicionamiento clásico: asocias lo positivo con la acción que lo provocó, y así aumenta la motivación para alcanzar tus metas.

Esperanza, espiritualidad y trascendencia

Hay quien dice que la esperanza es solo una ilusión. No obstante, igual que vimos en el capítulo de resiliencia, los estudios científicos demuestran lo contrario: mantener la esperanza es una estrategia poderosa para afrontar situaciones difíciles y construir una visión más positiva de la vida.

Quiero empezar este tema preguntándote, Ferran, si, cuando algo te va mal, tienes esperanza en que salgan las cosas bien. Tener esperanza ¿te pone en acción o te deja inactivo?

Sí, suelo pensar que todo saldrá bien. No por información privilegiada, sino porque la alternativa es insoportable. Aun así, cuando algo va mal no me salto la parte incómoda: creo que hay que pasar un tiempo en la mierda, sentir el golpe y dejar que duela. No es masoquismo, es higiene emocional: si no lo reconoces, no valoras la recuperación.

Para mí, la esperanza no es un sofá para esperar milagros, es un banco incómodo en una estación: sabes que el tren llegará, pero mientras tanto te mueves, buscas un café, revisas el mapa. Esa incomodidad te pone en marcha. Y cuando por fin se arregla, el contraste entre lo sufrido y lo logrado es lo que de verdad te hace sentir que has renacido.

¿QUÉ ES LA ESPERANZA?

Es un estado de ánimo optimista que surge cuando vemos posible aquello que deseamos. En psicología, se considera una forma de creatividad emocional que nos ayuda a enfrentar la incertidumbre con valentía y reduce la ansiedad. Ambas (ansiedad y esperanza) comparten algo: anticipan un futuro incierto con emociones intensas.

Un estudio de 2017 publicado en *Neuroimage* reveló que personas con mayor esperanza presentan una corteza orbitofrontal más activa, zona clave para el bienestar emocional. En otras palabras: la esperanza protege la salud mental y nos hace sentir bien.

LA ESPIRITUALIDAD Y EL CEREBRO

La esperanza a menudo se relaciona con la espiritualidad o la fe. Aunque al principio me sorprendió como científica, los beneficios cerebrales de tener una vida espiritual activa son profundos:

- Autotrascendencia: es la sensación de estar conectado con algo más grande que tú. Esto se produce cuando se apagan zonas del cerebro encargadas de construir el yo (entre ellas, el lóbulo parietal o la red neuronal por defecto).
- Efectos cerebrales:
    –Libera oxitocina, dopamina y serotonina (placer, amor, confianza).
    –Aumenta el neurotransmisor GABA, que genera calma mental.
    –Disminuyen el cortisol, la adrenalina y el ruido mental (menos estrés y rumiación).
    –Rezar o meditar activa el circuito de recompensa, el mismo que se acciona al hablar con un amigo cercano.

–Reduce la sensación de soledad, fortalece los vínculos y genera un estado prosocial.

En resumen, las personas espirituales y religiosas presentan mejor salud mental, física y mayor longevidad. Además, tienden a superar mejor los traumas, tienen relaciones más satisfactorias y llevan estilos de vida más saludables.

¿Y SI LA ESPIRITUALIDAD AYUDA PRECISAMENTE A NO QUERER CONTROLARLO TODO?

Vimos que un cerebro optimista se mueve bien ante la incertidumbre. Si tiendes a querer tener todo bajo control (como yo), desarrollar esta parte espiritual puede ayudarte a *soltar*, a confiar en que no todo depende de ti. Ese sentimiento de rendición y conexión con algo mayor puede ser tremendamente liberador. Para mí, el yoga fue clave para empezar a entender esto.

En cambio, si sientes que la espiritualidad te paraliza o te lleva a no hacer nada porque «todo está en manos del destino», puedes probar a preguntarte: «¿Hay algo que pueda hacer yo hoy para acercarme a ese futuro positivo que deseo?».

Las religiones y prácticas espirituales han sido durante siglos un refugio emocional, una forma de reconectar con la esperanza, neutralizar la sensación de impotencia ante las adversidades y dar sentido a lo que no entendemos.

> La mayoría de los estudios científicos sugieren que las personas religiosas y espirituales son más felices, presentan mejor salud mental y se recuperan antes de un trauma que las personas que no lo son. Sus matrimonios son más satisfactorios, consumen menos alcohol, llevan un mejor estilo de vida, gozan de mejor salud física y son más longevas.

Quizá por eso la humanidad tiende a la espiritualidad, a buscar comprender y confiar más allá de lo que uno puede pensar y controlar, aunque esto vaya en contra del cerebro que estamos desarrollando (un cerebro cada vez más racional y lógico), tal y como insinúa Francisco J. Rubia, catedrático de la Facultad de Medicina de la Universidad Complutense de Madrid, en *El cerebro espiritual*.

Bueno, ya lo decía Einstein: «La emoción más hermosa que podemos experimentar es la mística. Es la sembradora de todo arte y ciencia auténticos. Quien sea extraño a esta emoción, es como si estuviera muerto». Podemos encontrar esta emoción contemplando una hermosa obra de arte o viendo una preciosa puesta de sol. No hace falta creer en algo en concreto si no va contigo, pero sí vale la pena apreciar lo bello que hay a nuestro alrededor.

Ten un propósito de vida

Y si hablamos de proyectar el futuro, es vital hablar sobre tener un propósito en la vida, factor clave para ser más optimistas. Cuando sentimos que hay algo que da sentido a nuestra existencia, nace una motivación profunda que nos guía y nos sostiene incluso en los momentos difíciles.

La prestigiosa psicóloga Carol D. Ryff incluyó esta idea en su conocido modelo de bienestar psicológico, que define seis dimensiones que incrementan el bienestar subjetivo y la satisfacción con la vida. Una de las más importantes: tener un propósito vital claro.

Esta idea también conecta con el concepto japonés de *ikigai*, popularizado por Francesc Miralles y Héctor García en su libro del mismo nombre. El *ikigai* es aquello que te da ganas de levantarte por la mañana, ese *para qué* que te impulsa a vivir con entusiasmo.

Propósito de vida: motor de salud, motivación y optimismo

Hay estudios que muestran que los individuos con un *ikigai* más débil son más propensos a padecer enfermedades cardiovasculares, en comparación con aquellos que tienen un propósito claro en la vida.

> Las investigaciones en neurociencia revelan que las personas con un propósito de vida claro secretan una neuroquímica de bienestar —serotonina, dopamina y endorfinas—, que les ayuda a sentirse más plenos y felices, y reducen la sensación de estrés.

Tener uno o varios propósitos en la vida es uno de los mayores protectores del cerebro y del bienestar general. Según numerosos estudios, un propósito vital:

- Aumenta el bienestar eudaimónico.
- Alarga la vida.
- Mejora la regulación del estrés y reduce el cortisol.
- Disminuye los síntomas depresivos.
- Mejora el sueño y el sistema cardiovascular e inmunológico.
- Aumenta la resiliencia.

La psiquiatra Marian Rojas Estapé insiste en la importancia de tener metas claras para ser felices. En nuestro cerebro sucede algo increíble: cuando sabes lo que quieres, tu sistema reticular activador ascendente (SRAA) entra en acción y dirige tu atención hacia aquello que necesitas para conseguirlo. Si no tienes un propósito, corres el riesgo de acabar a merced de lo externo: tendencias, emociones instantáneas, distracciones...

> Tener un propósito alineado con tus valores no solo te da dirección y energía, sino que también aumenta la sensación de autocontrol y motivación.

Las personas que viven conectadas con lo que verdaderamente les importa suelen experimentar más emociones positivas y vitalidad diaria.

Para Viktor Frankl, psiquiatra y superviviente del Holocausto, el sentido de vida era lo que permitía al ser humano encontrar fuerza en medio del sufrimiento. Dar sentido a la existencia aporta una mirada esperanzadora y ayuda a que uno pueda sentirse realizado.

Tener un propósito de vida, sentir esta motivación, es uno de los motores más potentes para ser felices. Y tranquilo, si crees que aún no lo has encontrado, o si notas que este va cambiando con el tiempo, es normal. Si te apetece, hazte las siguientes preguntas (si cierras los ojos y te dejas sentir, quizá te ayude a que estas ahonden más en ti): «¿Qué anhela realmente mi corazón? Si no existieran límites, si fuera capaz de todo, ¿qué me gustaría hacer realmente en la vida? ¿Qué quiero aportar al mundo? ¿Qué necesito recibir de él?».

Vivir una vida acorde con tus valores es indispensable para sentirnos plenos. Sentir que caminamos hacia lo que nos importa (aunque el objetivo cambie con el tiempo) es clave para desarrollar una visión optimista de la vida.

Visualiza tu futuro: el poder mental que transforma la realidad

«Manifestar» fue la palabra del año 2024, según el Diccionario de Cambridge. Pero antes de que se pusiera de moda, ya hablábamos de *visualizar* lo que deseamos, que, ya sabemos, no entusiasma demasiado a Ferran. ¿Y qué dice la ciencia al respecto?

¿Funciona visualizar lo que queremos?

Pues según la ciencia parece que sí. Al menos así se ve en uno de los campos donde más se ha estudiado: el deporte. Los atletas que visualizan mentalmente sus movimientos mejoran su rendimiento hasta un 25 por ciento más que quienes no lo hacen. ¿Por qué? Porque visualizar fortalece los circuitos neuronales, como si estuviéramos practicando de verdad.

Además, visualizar un buen resultado ayuda a reducir la ansiedad, aumenta la confianza y activa el sistema de recompensa (lo disfrutamos). Si visualizas tu éxito, tu cerebro se lo cree... y se prepara para lograrlo. Y esto aumenta la probabilidad de conseguirlo, ¡claro está!

¿Qué pasa en el cerebro cuando visualizamos?

Al imaginar que conseguimos algo:

- Se activa la CPF ventromedial, asociada al optimismo y a imaginar escenarios positivos.
- Se enciende el núcleo accumbens, parte clave del circuito de recompensa, con lo que esa meta lejana se siente más cercana y accesible.
- Si además lo visualizamos en el presente, con detalles vívidos, el cerebro reacciona como si estuviera ocurriendo ahora. Esto aumenta la motivación y la probabilidad de lograrlo.

Lo contrario también es cierto. Si piensas que fallarás, tu cerebro se prepara para eso. Es la famosa *profecía autocumplida*: lo que crees condiciona lo que haces... y termina por cumplirse.

¿Qué puedes hacer tú?

- Visualiza lo que deseas como si ya estuviera ocurriendo: con detalles, imágenes, sensaciones bien definidas.
- Usa esta herramienta para prepararte mentalmente ante situaciones que te generan miedo o estrés (como hablar en público).
- Recuerda que creer en ti cambia tu química cerebral, te motiva y te predispone al éxito.
- Imagina los pasos para llegar al resultado final porque es clave.

Un *vision board* con fotos o frases inspiradoras es útil para mantener viva tu meta, pero es fundamental acompañarlo de un plan concreto de acciones. El neurocientífico Diego Redolar explica que, al incluir imágenes y citas inspiradoras, se refuerza la conexión entre el núcleo accumbens y la CPF ventromedial, lo que hace que una meta lejana se perciba como más cercana y alcanzable. Eso aumenta la motivación y las probabilidades de éxito.

Ahora bien, ser demasiado optimista a corto plazo puede ser peligroso. Si crees que algo saldrá perfecto y luego no sucede así, la frustración puede ser enorme como muestran las investigaciones de Sweeny y Shepperd. Lo mejor: sueña en grande a largo plazo, pero sé realista en el corto.

OTRAS ESTRATEGIAS PARA PROYECTAR UN FUTURO FAVORABLE

Afirmaciones positivas

Hay quienes optan por la repetición de frases positivas en presente, como si estuviera ocurriendo ya, para conseguir aquello que desean. Si no te las crees puedes sentir más frustración, pero si estas van acorde con tus valores, entonces pueden ayudarte. Por repetición el cerebro irá creando nuevas conexiones y poco a poco formará parte de tu patrón mental. No son mágicas, pero, según los estudios, pueden ayudar a cambiar la forma en que interpretamos estas situaciones de manera más positiva promoviendo los valores y creencias que quieres en tu vida.

Reflexionar sobre «tu mejor yo futuro»

Una de las grandes intervenciones para cultivar el optimismo, según Laura King, de la Universidad de Columbia, es visualizar «tu mejor yo futuro». Esta famosa técnica trata justamente de visualizar qué futuro quieres para ti, cómo deseas verte en un futuro en diferentes ámbitos de tu vida. Esta investigadora descubrió que aquellas personas que hacían este ejercicio y lo escribían durante veinte minutos al día durante varios días tendían a mejorar su estado de ánimo, ser más felices semanas después y sentir menos dolencias físicas meses después. La Dra. Sonja Lyubomirsky realizó en su laboratorio el mismo ejercicio añadiendo un paso más: que las personas pudieran visualizar qué pasos pueden dar ahora para lograr ese yo futuro deseado. De nuevo, los resultados fueron sorprendentemente positivos.

Para terminar con este tema te quiero preguntar, Ferran, a modo de resumen: ¿proyectas un buen futuro en tu vida o sueles ser más bien pesimista? ¿Has utilizado alguna vez alguna herramienta como un panel de visión o has hecho alguna visualización para proyectar tu futuro? ¿Te ha ayudado?

Sí, lo he probado todo: meditaciones guiadas, listas de reproducción que prometen «subirte la vibración» y hasta escribir tres cosas buenas del día aunque una de ellas fuera «no se ha roto la lavadora». Y, sin duda, me funciona.

¿Es un placebo? ¿Autoengaño? No lo sé..., pero tampoco me

importa demasiado. Si el cerebro quiere creer que estoy mejor y decide comportarse en consecuencia, yo no pienso llevarle la contraria. Hay quien necesita pruebas científicas para todo; yo, mientras note el cambio, lo firmo. Al final, en esto de la mente, muchas veces la frontera entre la verdad y la sugestión es tan fina que lo único que importa es si te ayuda a seguir adelante.

CAPÍTULO V

Cuarto neuropoder. Risa letal por superjuego

El de mi número de malabares en el súper

Yo estoy convencido: el sentido del humor te salva la vida. No porque los problemas desaparezcan, sino porque con humor al menos puedes mirar el desastre y decir: «Vale, es un desastre, pero es mi desastre».

La vida ya viene con dolor, con caos, con imprevistos…, no tiene por qué venir también con seriedad. Reírse de uno mismo es un acto de humildad, pero también de poder: le quitas al mundo la posibilidad de humillarte porque ya te has humillado tú primero… y encima con gracia.

Claro, no todos saben hacerlo. Hay gente que se toma tan en serio que parece que vive dentro de su propio currículum. Esa gente se rompe con cualquier broma. En cambio, el que sabe reírse de sí mismo… ese siempre sobrevive.

Yo creo que el humor no cura enfermedades, pero sí cura reuniones, discusiones, trámites, domingos tristes y espejos crueles. Es como un paracaídas emocional: no evitas la caída, pero al menos no te estampas de golpe.

Yo descubrí el valor de reírse de uno mismo en una presentación importante. Tenía que hablar frente a mucha gente, me había preparado todo…, y a los dos minutos, ¡zas!, se me cayó el micrófono al suelo. Silencio total. Podría haberme puesto nervioso, sudar, tartamudear…, pero me salió del alma decir: «Bueno, ya está, he roto el hielo… y el micrófono». La gente se rio, el ambiente se relajó, y yo también. Y ahí entendí: no es que el humor quite la vergüenza, es que la convierte en un chiste compartido. Y eso, en vez de debilitarte, te hace más fuerte.

Desde entonces lo aplico siempre. Una vez me caí en plena calle con todas las bolsas del súper: tomates rodando, pan en el suelo, yogures escapando. Antes me habría muerto de la vergüenza, pero me levanté, cogí una bolsa y grité: «¡Y aquí acaba mi número de malabares, gracias!». Y dos señoras hasta aplaudieron.

Creo que de eso va el humor: no de reírse de los demás, sino de invitar a los demás a reírse contigo de tus propios líos. Cuando haces chistes de tus fallos, de tus miedos, de tus caídas..., esos fallos dejan de ser cadenas y se vuelven anécdotas. Al final, la vida no siempre es amable, pero, si sabes reírte de ti mismo, siempre tendrás la última carcajada.

Risa letal por superjuego

Como dijimos en la introducción, en algunos países, como España, las emociones de alta intensidad, como el entusiasmo o la alegría, están muy relacionadas con la felicidad. Según esta perspectiva, el modo de alcanzar la felicidad se obtiene a través de la experimentación de emociones *positivas* (las que nos gustan sentir).

Si pensamos en alguien feliz, seguramente la imagen que nos viene a la cabeza sea la misma: una persona alegre, risueña, con espíritu lúdico. ¿Cómo es el cerebro de este tipo de personas?

Antes de ponernos manos a la obra, quiero preguntarte algo, Ferran. ¿Tú te consideras una persona con buen sentido del humor? ¿Te lo has trabajado o te sale de manera innata?

Sí, siempre he tenido buen sentido del humor, y no porque me lo propusiera, sino porque me salió como a otros les salen pecas o alergia al polen. En mi caso, fue pura supervivencia: el humor me ha salvado la vida más veces de las que puedo contar. No es que las cosas malas desaparezcan cuando te ríes, pero al menos consigues que se asusten un poco.

Crecí viendo a Woody Allen antes de que supiera lo que era la neurosis, a *Seinfeld* cuando todavía pensaba que Nueva York era un decorado de cartón, y a Andreu Buenafuente, que me demostró que se podía hacer humor sin necesidad de vivir con vistas a Central Park. También caí en las redes del humor británico con *Monty Python's Flying Circus* y *Blackadder*, donde descubrí que la ironía inglesa es como el té: fuerte, caliente y servida con una sonrisa que parece pedir disculpas por adelantado. Así que no, no me lo he trabajado como quien aprende un idioma. Ha sido más bien como crecer en una casa donde las paredes estaban empapeladas de chistes. Y con los años he aprendido que, aunque no arregle nada, el humor siempre pone un poco de luz donde antes había sombra.

La risa en el cerebro

La risa funciona como un analgésico natural para el cerebro. Libera endorfinas que reducen el dolor y además activa la dopamina, la noradrenalina y la serotonina, neurotransmisores que mejoran el estado de ánimo, nos motivan y nos hacen sentir bien. Y algo increíble: reír baja el cortisol, ese enemigo silencioso que nos dispara el estrés.

> Reír reduce el estrés, baja la ansiedad, mejora nuestro sistema inmune, oxigena el cerebro y ayuda a regular la presión arterial. De hecho, ¡hay estudios que dicen que reír puede alargar la vida hasta cuatro años y medio! (Aunque esto aún está en investigación).

También se ha visto que quienes ríen más tienen una mayor capacidad para experimentar placer. Un estudio del laboratorio de Nummenmaa encontró que el número de veces que una persona ríe viendo una comedia está relacionado con la cantidad de receptores opioides que tiene en su corteza prefrontal. Y ya vimos en la introducción que la mayoría de las personas que degustan los placeres hedónicos también saben disfrutar de los eudaimónicos (son más felices).

CÓMO INFLUYE EL SENTIDO DEL HUMOR EN NUESTRO BIENESTAR

El sentido del humor se define como el placer que sentimos cuando algo rompe con lo que esperábamos —cuando lo que creíamos que iba a pasar no pasa—. Esa disonancia entre lo esperado y la realidad nos provoca risa.

Este mecanismo afecta a distintos niveles:

- A nivel cognitivo, nos ayuda a tomar distancia, a relativizar, a aceptar las contradicciones de la vida. Estimula la plasticidad cerebral, la flexibilidad mental y la creatividad.
- A nivel emocional, es contagioso. Nos conecta con los demás, eleva la energía y mejora el estado de ánimo.
- A nivel conductual, nos motiva, nos impulsa a probar cosas nuevas, mejora la productividad y fomenta un entorno más creativo.

Se ha visto en numerosos estudios que las personas con mayor sentido del humor también tienen una visión más optimista de la vida. A nivel cerebral, se activa especialmente la corteza prefrontal ventromedial, que está conectada con el sistema límbico y con el circuito de recompensa, justo las áreas implicadas en el estrés y la ansiedad. Por eso se considera que el humor puede ser una estrategia de afrontamiento eficaz: reduce el impacto emocional del estrés y genera emociones positivas.

También se ha observado que el humor mejora la flexibilidad cognitiva, la toma de decisiones y la memoria.

Además, la risa estimula mecánicamente el nervio vago, ya que el «ja, ja, ja» hace vibrar la laringe por donde pasa este nervio que acciona nuestro sistema nervioso parasimpático (el de la relajación). Además, cuando reímos, movemos el diafragma, que también es inervado por este queridísimo nervio, con lo que la estimulación es doble. La risa consigue que nuestra amígdala se relaje, que no nos tomemos las cosas tan en serio, sobre todo aquellas que nos causan miedo, ansiedad o ira.

Según los estudios, no solo reírnos es sanador. Escuchar la risa de otras personas también mejora el proceso de recuperación del sistema nervioso autónomo después de una tarea estresante. Creo que todos somos capaces de notar que la risa rebaja la tensión del ambiente.

Y es que cuando estamos con mucha tensión, mucho estrés, mucha activación energética en nuestro cuerpo, nuestro sistema nervioso necesita descargar toda esta energía de más contenida. El cuerpo, que es muy sabio, lo hace de diferentes maneras: llorando, moviéndose de manera eufórica, gritando y también ¡riendo! (incluso a veces hacemos una mezcla de todo).

Beneficios del humor

- Reduce la sensación de soledad y nos conecta.
- Mejora el aprendizaje, la memoria y la atención.
- Nos motiva y ayuda a regular mejor nuestras emociones.

- Aumenta la creatividad y el pensamiento abierto.
- Mejora la autoestima y la autoconfianza.
- Refuerza el sistema inmune y el cardiovascular.
- Nos ayuda a ver la vida con más optimismo.

Un ejemplo precioso de esto es un estudio de Vagnoli y su equipo, donde analizaron cómo el humor puede ayudar a niños que van a ser operados. Dividieron a niños de entre cinco y doce años en dos grupos: a unos los acompañaba un payaso y uno de los padres hasta la sala de operaciones; a los otros, solo uno de los padres. ¿El resultado? Los que iban con el payaso mostraron menos ansiedad, y lo mejor de todo es que también sus padres se sintieron más tranquilos.

¿Qué tipo de humor es mejor para el cerebro?

Aunque parezca raro, no todos los tipos de humor son saludables. Según Rod A. Martin, un reconocido investigador del humor y profesor de Psicología en la Universidad del Oeste de Ontario (ahora ya retirado), existen cuatro tipos principales de humor:

- Humor afiliativo: el que usamos para conectar con los demás, hacerlos reír, generar buen ambiente. Son bromas que relajan el clima social, que crean vínculos y que no hieren a nadie. Su objetivo es compartir alegría.
- Humor autoafirmante (o de afrontamiento): se basa en reírse de las incongruencias de la vida, en encontrar el lado cómico incluso en las situaciones difíciles. Nos ayuda a relativizar y regular nuestras emociones. Es una herramienta de resiliencia muy poderosa.
- Humor agresivo: aquí el chiste va a costa de otros. Se usa para ridiculizar, hacer sátiras, ironías o burlas. Puede parecer gracioso,

pero muchas veces daña las relaciones o genera malestar en los demás (aunque no siempre sea intencional).

- Humor autodestructivo: cuando te ríes de ti mismo, de forma exagerada, para caer bien o para que los demás te acepten. Puede parecer que tienes una gran capacidad de reírte de tus defectos, pero en realidad escondes una baja autoestima o necesidad de aprobación.

Ahora bien, de todos ellos, los más beneficiosos para la salud mental y emocional son claramente el humor afiliativo y el humor autoafirmante. En especial el primero —el que busca hacer reír a los demás sin herir a nadie— es el que más efectos positivos tiene: mejora el bienestar tanto hedónico (el placer inmediato) como eudaimónico (el sentido profundo de bienestar), reduce la ansiedad, protege frente a la depresión y está asociado a menores niveles de neuroticismo.

En cambio, los estilos negativos —el agresivo y sobre todo el autodestructivo— pueden ejercer un impacto perjudicial. En concreto, el humor autodestructivo es el más relacionado con una peor salud mental: se ha asociado con una menor autoestima, mayor ansiedad, síntomas depresivos y mayor vulnerabilidad emocional.

Así que, si hablamos de qué humor es mejor para el cerebro y para nuestra salud, la respuesta está clara: el humor que une, que alivia tensiones sin dañar, que nos ayuda a ver la vida con ligereza sin perder el respeto por nosotros mismos ni por los demás.

Sé que el sentido del humor es una de las herramientas que Ferran más defiende en todos sus libros y charlas. Pero me pregunto, Ferran, ¿qué tipo de humor utilizas más? ¿O los utilizas todos?

Me quedo con el uno y el dos, sin duda. El humor afiliativo y el autoafirmante son los que uso y en los que creo. Me gusta reírme de las cosas para compartir la risa, y reírme de las incongruencias de la vida para no perder la cabeza… o al menos no perderla del todo.

Los otros dos, sinceramente, me parecen destructivos y, para mí, carecen de gracia. El humor agresivo, aunque esté disfrazado de complicidad, me resulta incómodo. Ahora se ve mucho en monólogos y redes: alguien hace un chiste «con buen rollo» a costa de otro, y todos se ríen... menos el aludido. Nunca me ha hecho gracia esa sensación de dejar a alguien fuera de la fiesta. Prefiero reírme de mí, porque al final todos tenemos los mismos fallos y manías, y eso nos une.

Cuando lo hago en los shows, lo confirmo: la gente se ríe porque se reconoce en mis historias. Y ahí está la magia, no en señalar al otro, sino en mirarnos al espejo y reír juntos de lo que vemos.

Pero ¿por qué reímos? ¿Por qué existe el humor?

No solo reímos los humanos, también lo hacen otros mamíferos, como las ratas y los primates. ¿Cómo se *provoca* esa risa? Con cosquillas. Por eso se piensa que la risa nació en el juego: es una señal social que alarga la interacción lúdica y dice: «Esto es seguro, sigue».

Los científicos distinguen dos risas: la Duchenne, sincera (sonríen boca y ojos, aparecen las patas de gallo), y la no Duchenne, más social o voluntaria. En ambos casos, la risa comunica accesibilidad y seguridad.

> Somos la única especie con humor propiamente dicho. Tendemos a encontrar gracioso lo sorprendente o *indebido* que, al resolverse, resulta inocuo o incluso positivo.

Nuestros cerebros buscan orden; cuando detectan una incongruencia y la resuelven sin daño, sentimos alivio y placer. Esa es una de las teorías clásicas del humor.

Otra explicación apunta a los beneficios de la risa para el organismo: mejora el estado emocional y favorece la salud. La neurocientífica Sophie Scott defiende que el humor existe porque produce esa risa saludable y nos ayuda a cohesionar socialmente.

También se ha propuesto que el humor sirve para canalizar el conflicto sin agresión. Decir algo con gracia rebaja tensiones y permite marcar límites de forma aceptable socialmente. Poner límites con humor es una habilidad valiosa: preserva la coherencia con nuestros valores, cuida la energía y disminuye choques innecesarios.

Por último, está la hipótesis del alarde: el humor mostraría ingenio y flexibilidad mental (como el abanico del pavo real). Hacer reír exhibe un cerebro rápido y creativo, aumenta el atractivo social y facilita los vínculos. Esas relaciones mejores ofrecen apoyo, amortiguan el estrés y, de rebote, favorecen la salud.

> Reímos porque la risa señala seguridad durante el juego, refuerza el aprendizaje de lo nuevo, comunica confianza, regula tensiones y, con el humor, exhibimos capacidades cognitivas que mejoran nuestra vida social. Todo ello nos hace sentir mejor.

El humor en el cerebro

El humor pone a trabajar al cerebro en estéreo: activa varias áreas y circuitos a la vez. Primero entra en juego el sistema que detecta y resuelve incongruencias: esa parte cognitiva identifica lo inesperado en el chiste y, en milisegundos, encuentra una salida que *encaja*. Al mismo tiempo, se encienden zonas dopaminérgicas ligadas a la recompensa: son las que aportan el estallido agradable que sentimos al reír.

Dentro de esos circuitos de placer basados en dopamina hay dos vías principales:

- Vía mesolímbica: muy vinculada al placer hedónico y al deseo. Responde a recompensas inmediatas y sensoriales.
- Vía mesocortical: proyecta a la corteza prefrontal (CPF) y se asocia a placeres más *cognitivos*, como ver una película o leer un libro. Aquí el disfrute pasa por comprender, anticipar y valorar.

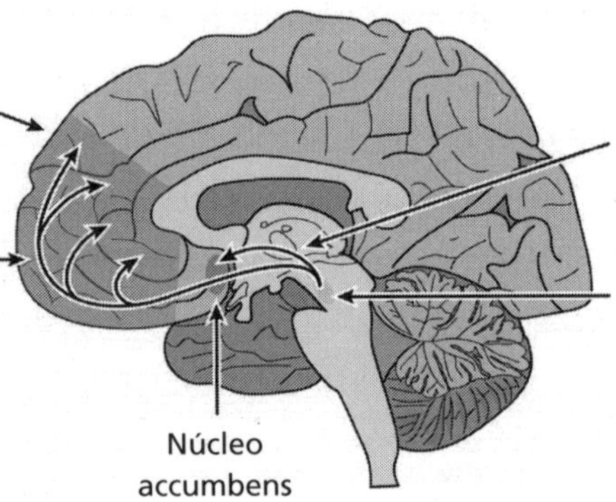

Los estudios disponibles señalan que el humor puede activar ambas rutas a la vez.

> Por un lado, reír produce una gratificación directa; por otro, entender la broma y resolver su giro requiere un pequeño esfuerzo mental que involucra a la CPF, por eso también se activa la vía mesocortical dopaminérgica.

Además, el humor es profundamente social. La risa funciona como un marcador de aceptación y armonía grupal, de ahí que reímos unas treinta veces más en grupo que en solitario. Cuando alguien nos hace reír (o hacemos reír), el cerebro registra la experiencia como recompensa social, lo que potencia aún más los circuitos dopaminérgicos.

En resumen: un buen chiste combina pensamiento y emoción. El cerebro detecta la incongruencia, la resuelve con ayuda de la corteza prefrontal y, mientras lo hace, recibe el premio dopaminérgico del placer —máximo refuerzo si además estamos acompañados.

El lado oscuro del humor

El humor nos obsequia con un *doble premio*: uno directo y sencillo —la carcajada— y otro más sofisticado —el placer de entender el giro y hacer que otros rían—. Hacer reír puede generar tal subidón de dopamina que uno acabe buscando esa sensación una y otra vez.

El neurocientífico y comediante Dean Burnett lo resume así: provocar la risa de toda una sala activa los circuitos de recompensa del cerebro como pocas cosas lo hacen. La aprobación, la admiración y los aplausos encienden con fuerza la vía dopaminérgica mesolímbica. Es fantástico..., pero también puede volverse un arma de doble filo.

> Además, usar el humor para todo puede convertirse en una coraza. Hay personas con las que es difícil hablar en serio porque convierten cualquier asunto en broma. A menudo es un mecanismo de defensa para no mirar de frente lo que duele, para evitar el conflicto o el propio malestar.

¿Qué piensas sobre todo esto tú, Ferran?

Yo siempre digo que el humor es una forma de defensa muy elegante. Es como ponerle un traje a la tristeza: sigue siendo tristeza, pero al menos va bien vestida. Hacer reír te permite controlar un poco el caos. Si eres tú quien hace el chiste, de alguna manera dominas la situación, aunque por dentro estés hecho un lío.

Durante años, para mí el humor fue eso: una forma de tapar lo que dolía, reírte antes de que lo hagan los demás. Pero con el tiempo descubrí que también puede ser un camino de comprensión. Cuando consigues reírte *con* tu dolor y no *de* él, algo cambia. Ya no te escondes, lo transformas.

A veces la gente cree que los humoristas somos felices todo el rato, y no: lo que somos es observadores. Estamos entrenados para mirar el desastre y encontrarle el ángulo gracioso. Es terapéutico, sí, pero también cansado. Porque a veces solo quieres estar triste sin tener que sacarle punta.

Hoy lo vivo distinto. Sigo haciendo humor, pero no como escudo, sino como espejo. Porque reírse de la vida —y de uno mismo— no borra el sufrimiento, pero lo hace más llevadero. Y si en ese proceso alguien más se ríe contigo, entonces el absurdo, de repente, tiene sentido.

Así que sí, el payaso puede estar triste, pero sigue saliendo a escena. No porque quiera esconder su dolor, sino porque ha aprendido que la risa, al final, también es una forma de curarse.

La alegría en el cerebro

Se suele hablar de cuatro emociones primarias universales: alegría, ira, tristeza y miedo. Algunos modelos, como el del psicólogo Paul Ekman, añaden el asco y la sorpresa. En cualquier caso, la alegría es la única de ese grupo que solemos percibir como *positiva*. Conviene matizar: no hay emociones buenas o malas en sí mismas, todas cumplen una función y han permitido que nuestra especie sobreviva. Lo que sí ocurre es que unas resultan más placenteras y beneficiosas para la salud que otras.

La alegría —y reír— dispara varios de los *químicos* de la felicidad del cerebro. Además, es contagiosa: nos acerca a los demás, fortalece vínculos, genera confianza y nos hace sentir parte del grupo. Veremos en el capítulo de conexión social que ese tejido de relaciones es un motor clave del bienestar.

Como explica la psicóloga Barbara Fredrickson, las emociones positivas no solo sientan bien, también amplían nuestra mirada. Nos ayudan a ver más posibilidades, a aprender mejor y a relacionarnos con más soltura. En términos prácticos, ensanchan nuestros recursos sociales, físicos e intelectuales, y con ello nos preparan para vivir con más plenitud.

Barbara Fredrickson propone en su «teoría de ampliar y construir» que las emociones agradables —como la alegría, la curiosidad o el amor— hacen que tu mente se abra. Cuando estás en ese estado, piensas en más opciones y te atreves a hacer más cosas; con el tiempo, eso te permite crear recursos duraderos: aprendes, fortaleces vínculos, ganas seguridad psicológica y te vuelves más creativo y resistente ante las dificultades. Las emociones positivas ensanchan la mirada y dan flexibilidad, alimentando un ciclo de crecimiento y mayor bienestar. En contraste, las emociones desagradables tienden a estrechar el foco —sirven para reaccionar rápido—.

> Por eso, incorporar momentos de alegría en el día no solo sube las endorfinas y activa el circuito de recompensa del cerebro, también ensancha tu mentalidad, mejora la flexibilidad cognitiva, facilita la conexión con los demás y potencia el desarrollo de tus habilidades.

La alegría crea bucles que te elevan

Como explica Sonja Lyubomirsky, las emociones agradables ponen en marcha espirales ascendentes: te sientes bien, piensas con más apertura, actúas mejor, obtienes resultados que refuerzan ese estado..., y vuelta a empezar.

Piensa en una cadena sencilla: un día te notas animado y con energía, sales a moverte, tu humor sube, trabajas con más foco y creatividad, llegas a casa de mejor talante y conectas mejor con tu pareja o tus amigos. Ese encadenado genera más momentos agradables y mantiene el ciclo. En la depresión sucede lo contrario: se alimenta una espiral descendente.

Ahora bien, la alegría no se ordena por decreto. No puedes apretar un botón y sentirla. Lo que sí está en tu mano es crear condiciones para que aparezca más a menudo. Suena bien, ¿verdad?

Aquí algunas estrategias muy potentes para atraer alegría y humor a tu vida.

1) Usa la sonrisa (bien entendida).
   La sonrisa de Duchenne (boca y ojos, con las clásicas arruguitas) es la que más bienestar genera. Una simple sonrisa puede cambiar mucho. Los más de cuarenta músculos faciales están ahí para expresar emociones... y también pueden influir en cómo te sientes.

La ciencia está viendo que sostener según qué postura o expresión facial puede modificar totalmente nuestro estado interno. Por ejemplo, al *poner cara* de bienestar, el sistema parasimpático se activa y baja el estrés. Sostener un lápiz con los dientes —que obliga a una semisonrisa— hace que interpretemos escenas como más graciosas.

Posturas abiertas, expansivas sostenidas al menos durante uno o dos minutos pueden cambiar nuestra fisiología interna; elevan, por ejemplo, la testosterona (menos miedo a asumir riesgos) y reducen el cortisol (menos estrés).

> Importante: no te saltes pasos. Si estás mal, primero permite poder expresar la emoción (llora, tiembla, escríbelo, suéltalo como tú necesites). Reprimir para *forzar* alegría suele ser contraproducente. Después, sí: cambia la postura, suaviza la expresión y deja que surja otro estado en ti.

2) Siembra micromomentos agradables.
Dedica unos minutos a evocar algo bonito. Estírate, escucha música que asocies a recuerdos felices o mira fotos que te enternezcan. El cerebro reacciona a lo imaginado casi como si fuera real: aprovéchalo para inclinar el día a tu favor.

3) Practica reírte de ti.
El humor propio desinfla el drama y da perspectiva. ¿Puedes reírte de tus pequeños errores o defectos y tomarte un poco menos en serio? Si te cuesta, prueba talleres de teatro, *clown* o improvisación: son entornos seguros para jugar con tus *tropiezos* y relativizarlos.

4) Cuida el ecosistema emocional.
La risa es contagiosa. Observa con quién pasas más tiempo y cómo te deja. Rodéate de personas que te alegren, te hagan bromear y te recuerden lo luminoso del mundo. Al final, tendemos a parecernos al clima emocional de nuestro círculo cercano.

5) Entrena el radar del buen humor.
Ver comedias, escuchar monólogos o pódcasts humorísticos *sintoniza* tu sistema reticular activador ascendente del cerebro para detectar lo gracioso del entorno. Tu atención se convierte en un buscador de chispas cómicas.

Redirigir la atención: el arte de enfocarte en lo positivo

Creo que merece la pena comentar mejor la última estrategia citada, ya que, como también vimos en el capítulo anterior, uno de los ingredientes más potentes para cultivar el optimismo es aprender a redirigir nuestra atención hacia lo positivo. Y aquí entra en juego el ya conocido sistema reticular activador ascendente (SRAA).

El SRAA, situado en el tronco del encéfalo (una de las partes más primitivas del cerebro), actúa como filtro de la información que recibimos, tanto del entorno como de nuestro interior. Regula funciones automáticas (como la respiración o el latido del corazón) y también determina qué estímulos entran en nuestro foco de atención.

Lo curioso es que atendemos más a aquello que consideramos importante, aunque sea de forma inconsciente. Si estás embarazada, ves embarazadas por todas partes. Si te compras unos zapatos nuevos, empiezas a fijarte más en el calzado de los demás. Si te conviertes en madre, como me pasó a mí, empiezas a ver niños en todos lados.

> Esto no es magia, es biología. El cerebro prioriza lo que cree que tiene relevancia para tu supervivencia o bienestar. Así que, si empiezas a alimentar tu vida con contenido positivo, tu cerebro empezará a registrar más de eso.

Leer este libro ya es un primer paso. Estás diciéndole a tu cerebro que esto importa y eso activará el radar del SRAA para que se enfoque en detectar más optimismo, más alegría, más humor en tu día a día.

Pero, como dijimos también, puedes ponerlo en marcha rodeándote de personas alegres, escuchando pódcasts inspiradores, poniéndote canciones que te motiven, eligiendo series que te hagan sentir bien. El cerebro empieza a entender que esto es lo valioso para ti, y buscará más de lo mismo.

Más estrategias para entrenar la alegría

Si tu objetivo es sentirte alegre, ese deseo por sí solo ya es un buen comienzo. También puedes darle un empujón con estrategias sencillas: frases positivas en una libreta, una taza con un mensaje bonito, una afirmación frente al espejo, una foto que te inspire colgada en la pared. Todo suma.

Otra opción fantástica son los talleres de risoterapia. En un estudio de Ko, Youn y colegas, personas mayores de sesenta y cinco años con depresión asistieron a un taller semanal durante un mes. ¿El resultado? Mejor estado de ánimo y mejor calidad del sueño, efectos que duraron hasta un mes después. También se ha visto que personas en tratamiento con quimioterapia que participan en este tipo de talleres muestran niveles más bajos de ansiedad y depresión comparado con quienes no los hacen.

Por último, existe la alegría empática, lo que en el budismo se denomina *mudita*, que tiene que ver mucho con sentir genuina felicidad y deleite por el bienestar, los logros y el éxito de otras personas. Es una alegría pura, altruista, donde no cabe la envidia ni el ego. Este tipo de alegría favorece el bienestar eudaimónico. Por suerte, existen meditaciones preciosas para cultivar esta alegría empática que puedes encontrar fácilmente en internet.

La neurociencia del juego y de la diversión

Solemos relegar el juego a la infancia o verlo como una pérdida de tiempo en vidas *superproductivas*. Es justo al revés: jugar y divertirse es alimento para el cerebro y un acelerador de bienestar. De hecho, pocas actividades aportan tanta felicidad y desarrollan tantas habilidades cerebrales a la vez.

> Aprendemos de forma natural jugando. Por eso los niños juegan sin parar. El juego estimula el aprendizaje, refuerza conexiones neuronales, incrementa la plasticidad cerebral y dispara la creatividad, la imaginación y la colaboración.

Una joya del juego es que permite equivocarse sin consecuencias graves. En ese espacio, el *error* está admitido, y eso lo cambia todo: sin equivocaciones no hay aprendizaje; sin ensayo y rectificación no hay progreso.

Tampoco confundas juego con pereza. Jugar no es *holgazanear*; es entrenar con retos: probar, fallar, levantarse, ajustar y seguir. A veces ni siquiera implica estar riendo; es más bien un modo de explorar con curiosidad.

Como recuerda el neurocientífico David Bueno, «sin motivación no hay aprendizaje, y el juego motiva». Al cerebro le encantan los retos, y cuando los vivimos como un juego se enciende la dopamina, el sistema de recompensa que sostiene la motivación, afina la atención y facilita el aprendizaje. En resumen: jugar nos hace felices y, además, nos vuelve más capaces.

El juego pone a trabajar a la vez varias zonas del cerebro: el sistema límbico (emociones), la corteza prefrontal (decisiones) y el hipocampo (memoria). Por eso, cuando aprendemos jugando, lo que aprendemos se fija mejor y dura más. La investigación muestra que las habilidades sociales y cognitivas que se desarrollan jugando se asocian con un mejor rendimiento académico. La idea de que diversión y aprendizaje se estorban es un mito: si en la escuela (y en la vida) aprendiéramos más a través del juego, nos iría bastante mejor.

Jugar es un entrenamiento de lujo para la toma de decisiones. Obliga a pensar, razonar, comparar opciones y actuar, a veces con poco tiempo o información limitada.

Además, permite probar y *ver qué* pasa en un entorno seguro, lo que afina la agilidad mental, la atención y la capacidad de resolver problemas con eficacia.

En la vida adulta, el juego mantiene en forma las funciones cognitivas, ayuda a descargar estrés y mejora el bienestar emocional. Y si jugamos en compañía, añadimos un plus: compartir alegría y risa fortalece los vínculos y refuerza el sentido de comunidad.

La neurociencia es clara: el juego no es un simple pasatiempo, sino un mecanismo natural, necesario y muy eficaz para nuestro desarrollo integral a cualquier edad.

Seguro que lo has notado: cuando el ambiente es distendido y disfrutas lo que haces, todo fluye. Piensas con más soltura, aparecen ideas originales y las soluciones llegan con menos esfuerzo. Jugar —o, al menos, trabajar con espíritu lúdico— no es un capricho, es una condición que desbloquea creatividad y eficacia.

¿Por qué crees tú, Ferran, que el juego tiene tanta mala fama en el mundo adulto? ¿Sabías que los niños sonríen entre trescientas y cuatrocientas veces al día, mientras que los adultos a duras penas llegamos a sonreír unas veinte veces al día?

Claro, y es tremendo si lo piensas: pasamos de reír cientos de veces al día a hacerlo con cuentagotas, como si de adultos la risa tuviera IVA. Creo que el juego tiene mala fama porque lo asociamos a perder el control, a no ser productivos. Nos han vendido la idea de que si no estás *aprovechando el tiempo*, lo estás perdiendo. Y claro, jugar es todo lo contrario: es tiempo sin propósito. Es estar por estar, disfrutar por disfrutar. Y eso a la mente adulta, tan obsesionada con los resultados, le da pánico.

De pequeños jugábamos a ser mayores; de mayores jugamos a parecer serios. Nos disfrazamos de responsabilidad y dejamos el humor en el cajón con los Playmobil. Pero el juego, entendido como actitud, es una de las formas más puras de inteligencia: te mantiene curioso, creativo y con los reflejos emocionales despiertos.

Yo intento recuperarlo en lo cotidiano: improvisar, bromear, reírme con los demás, no de los demás. Y cuando estoy en el escenario, en realidad, sigo jugando: a descubrir dónde está el límite, a reírme de mis torpezas, a ver qué pasa si suelto una idea absurda y el público la compra.

Quizá si los adultos jugáramos más, no necesitaríamos tanto coaching. Porque el juego es lo más terapéutico que existe: nos recuerda que vivir no es una competición, es una partida. Y si te tomas el juego demasiado en serio, pierdes la gracia… y probablemente también la sonrisa número 21 del día.

El Dr. Eduardo Jáuregui, psicólogo con una tesis doctoral sobre la risa y el humor, propone el *playfulness* para ser felices. Para este experto en psicología positiva, es importante adoptar un espíritu lúdico en nuestro día a día para ser felices. De hecho, grandes maestros espirituales tienen esta faceta *juguetona* muy acentuada. Como dice Pablo d'Ors en la *Biografía de la luz*: «Lo principal que debe de enseñarse en el camino espiritual es a jugar».

Jugar es hacer las cosas por el simple gusto de hacerlas. No hay ningún otro objetivo. Pero a veces esto nos queda muy lejos. De hecho, quiero preguntarte: ¿Qué actividades haces porque sí? ¿Qué haces solo por gusto? No vale pensar en gratificaciones instantáneas como comerte un cruasán de chocolate, tienen que ser actividades que te hacen sentir bien (y que en apariencia no sean productivas). ¿Cuántas de estas actividades las realizas durante tu día o a la semana? ¿Tú, Ferran?

Durante mucho tiempo me costó hacer cosas *porque sí*. Siempre había un propósito: mejorar, producir, justificar el tiempo. Luego entendí que hay cosas que no sirven para nada… y por eso son imprescindibles.

Me gusta caminar sin rumbo, sin auriculares; dibujar garabatos en servilletas; tocar la guitarra sin intención de tocar bien; releer tiras cómicas que ya me sé; cocinar sin receta (a veces sale fatal y me encanta). También hago cosas absurdas: ver entrevistas de gente que no conozco u ordenar cables porque me relaja. No tienen utilidad, pero me devuelven a un espacio sin demostrar nada.

No lo hago cada día, ojalá. Intento reservar un par de momentos a la semana para no hacer nada útil. Son pequeñas rebeliones contra el calendario. Al final, jugar, reír y perder el tiempo mantienen el cerebro respirando. ¿Sentido? Ninguno. Precisamente por eso, todo el sentido del mundo.

Una sociedad cansada (y cómo volver a jugar)

Hoy, como apunta el filósofo Byung-Chul Han, vivimos agotados. Estamos obsesionados con rendir, producir y *llegar*. Tanto, que a menudo nos autoexplotamos y hemos olvidado cómo descansar. ¿Qué haces en tus ratos libres? Tal vez sigues con un ojo en el trabajo —WhatsApp, correos— o te pones con libros *productivos* y cursos que vuelven a girar en torno a lo mismo. Quizá encadenas tareas que *deberías* hacer, como ir al gimnasio o meditar por obligación, o incluso subes fotos para demostrar lo bien que te va. O puede que caigas en placeres hedónicos poco sanos —pantallas sin fin, picoteo constante— que, lejos de relajarte, sobreestimulan y fatigan más al cerebro. Nos quejamos de ir cansados y de trabajar demasiado..., pero ¿y si el problema real es que no sabemos descansar mejor?

¿Cómo descansan los niños?

Jugando. Riéndose. Disfrutando. En el juego se nos cae la coraza, desaparece la vergüenza y asoma nuestra versión más auténtica. Nos sentimos libres. Retomar ese espíritu lúdico es clave (volveremos a ello al final del libro), pero por ahora te dejo la idea para que la mastiques: quizá no te falta tiempo, sino juego.

Vitalidad: el combustible olvidado

Con la agenda llena de obligaciones —y de «tengo que»— es fácil relegar lo que hacemos solo por placer. Sin embargo, esas actividades reavivan la alegría, el asombro, el entusiasmo y una sensación de libertad que nutre la vitalidad subjetiva: sentir el cuerpo vivo, con energía. Muchos neurocientíficos y psicólogos consideran la vitalidad un ingrediente del bienestar eudaimónico. Cuando te sientes vital, te vuelves más motivado y proactivo, y la vida pesa menos.

Tips para fomentar el juego y la diversión en tu vida

Sara, déjame decir aquí mi lista, que me hace ilusión. De verdad. Es que, hablando de juego y diversión, me he preparado mi propia lista de *tips* para recordar que la vida no va solo de cumplir tareas y pagar facturas. A veces se trata simplemente de jugar un poco, aunque no haya marcador ni premio al final.

No son consejos científicos (para eso estás tú), pero son fruto de años de ensayo, error y mucha risa. Así que ahí va mi pequeña guía para volver a tomarse la vida menos en serio:

1. Tómate menos en serio.
   Si te da miedo hacer el ridículo, estás jugando con el freno de mano puesto. Nadie se acuerda del que falló, solo del que se atrevió. Además, todos parecemos ridículos la mitad del tiempo, solo que algunos lo aceptamos antes.

2. Reserva tiempo para el no plan.
   No todo tiene que tener sentido. Deja huecos en la agenda para el caos, improvisar o no hacer nada productivo. Si lo necesitas, apúntalo como «reunión con mi niño interior», que suena más profesional.

3. Rodéate de gente que ría con facilidad.
   La risa es contagiosa, pero también lo es el aburrimiento. Si tus amigos no saben reírse ni de sí mismos, igual necesitas hacer nuevos fichajes para tu equipo vital.

4. Recupera placeres antiguos.
   Vuelve a hacer algo que te divertía de pequeño: dibujar, jugar al ping-pong, cantar sin talento. No hay edad para volver a ser idiota un rato.

5. Convierte lo cotidiano en un juego.
   Pon música mientras cocinas, compite contigo mismo por doblar la ropa más rápido o imagina que el ascensor es una cápsula espacial. La adultez no está reñida con la imaginación.

6. Ríete de ti, no de los demás.
   El humor más sano es el que empieza en casa. Si aprendes a reírte de tus torpezas, los demás dejan de tener poder sobre ellas.

7. Sé curioso.
   La curiosidad es el trampolín del juego. Pregunta, experimenta, métete en líos controlados. La rutina se combate con preguntas, no con planes.

8. Permítete el absurdo.
   A veces lo más sensato es hacer algo sin sentido. Pintar piedras, hablar con tu planta, bailar sin música. El absurdo, bien dosificado, es un ejercicio de libertad.

9. Desconecta para reconectar.
   No hay diversión posible si estás mirando el móvil cada treinta segundos. El wifi no da dopamina real, solo intermitente.

10. Celebra las pequeñas victorias.
 Has sobrevivido a otro día. Has hecho la compra. Has salido a caminar. Enhorabuena. Apláudete, ríete, celébralo. A veces la vida se trata de eso: jugar a seguir jugando.

Otras estrategias para jugar, conectar y soltar tensión

- La investigación respalda que el teatro de improvisación fomenta el juego y dispara la creatividad, la empatía y la conexión social. Si el teatro no es lo tuyo, busca cualquier actividad que te lleve a jugar. Las artes y lo creativo suelen abrir esa puerta: pintar, bailar, cantar, escribir, tocar un instrumento... Además de ayudarnos a expresar, muchas de estas prácticas activan el nervio vago: el sistema nervioso se calma, aparece la presencia, es más fácil entrar en el famoso estado de *flow* y la vitalidad aumenta.
- Cuando nos movemos con fluidez, el cuerpo le dice a la amígdala: «*Todo está bien*». En cambio, con el enfado o pánico nos ponemos rígidos. Una buena salida es movernos y soltar esa coraza.
- Un ejercicio sencillo para conectar con el modo descanso–juego: practica la mirada panorámica. Recorre con la vista el espacio a tu alrededor, de un lado a otro. Esa mirada amplia, propia de la exploración, envía al cerebro el mensaje: «*Estamos a salvo; puedes jugar*».
- Hay preguntas que impulsan a nuestro cerebro a la reflexión y la exploración de nuevas perspectivas: «¿A qué jugabas de niño? ¿Qué te divertía entonces? ¿Qué puedes hacer hoy para contactar con ese niño interior? ¿Cómo puedes introducir más juego y diversión en tu día a día?».

- Muchos adultos siguen jugando: hay quien disfruta con juegos de mesa o cartas, otros con videojuegos o deportes que despiertan el disfrute. Por ejemplo, yo practico verticales y trapecio porque me conectan con esa parte infantil, ligera, donde todo parece posible y la seriedad se disuelve. Como decía Teresa de Calcuta: «La vida es un juego; juégalo».
- Reserva tiempo regular para tus hobbies. Recuerda que jugar no es un lujo: es una estrategia de salud. Los intereses que te apasionan recargan energía, reducen el estrés, aumentan la creatividad y el aprendizaje y regalan alegría pura. Pintar, leer, jardinería, baile..., lo que sea que te encienda. Son actividades que facilitan el flujo, ese estado en el que el tiempo se difumina y estás completamente inmerso. Bloquéalo en tu agenda como prioridad. Tu cerebro —y tu ánimo— te lo agradecerán.

CAPÍTULO VI

Quinto neuropoder. Ultraconexión infinita

Ese en el que descubrí que el amor huele a churrasco humano

Dicen que el amor es lo más importante de la vida. Y sí, claro, suena muy bonito..., pero nadie te avisa de que el amor en la práctica es más parecido a un contrato de mantenimiento que a una película de Disney.

Nos han vendido que el amor es pasión, fuegos artificiales, intensidad. El amor verdadero, en realidad, es discutir a las once de la noche sobre si hay que descongelar el pollo o si pedimos pizza. Eso es amor. El resto son tráileres de Hollywood.

El amor joven es como un festival: todo emoción, luces, canciones, promesas eternas. El amor adulto es como Ikea: mucha logística, discusiones por cosas pequeñas y siempre una pieza que sobra.

Y me encanta cómo la gente habla del amor eterno... Eterno, eterno..., hasta que uno empieza a roncar. Ahí descubres que el amor eterno no es un juramento, sino la capacidad de seguir queriendo a alguien aunque te arruine el sueño REM.

Yo recuerdo una vez que intenté ser romántico con mi pareja. Era nuestro aniversario y me dije: «Voy a sorprenderla, voy a preparar una cena espectacular». Problema: yo no sé cocinar. Me puse con toda la ilusión, música de fondo, copa de vino, hasta vela encendida. La receta decía: «*sofrito ligero*», y yo entendí; «*incendio controlado*». El humo activó la alarma del piso, los vecinos golpeando la puerta, yo con la sartén en la mano como si estuviera luchando contra dragones. Al final, en vez de cena romántica, terminamos en urgencias porque me saltó aceite en el brazo. Ella, claro, no sabía si reírse o dejarme. Yo le dije: «Amor, lo importante es la intención». Y ella: «Sí, pero la próxima la intención que la tenga el del restaurante de la esquina».

Y ahí entendí algo: el amor no está en las velas ni en el menú gourmet. El amor verdadero es que alguien te acompañe a urgencias un sábado por la noche, y todavía te dé la mano mientras hueles a churrasco humano.

Pero el amor no es solo de pareja. Está el amor familiar, ese que no eliges, pero que está ahí como una aplicación preinstalada en el móvil. Funciona raro, a veces ocupa demasiado espacio, y nunca sabes cómo desinstalarlo.

El amor familiar se ve en cosas pequeñas: tu madre preguntándote si ya comiste, aunque tengas cuarenta años y tripa de que sí, has comido. O tu padre dándote consejos que nadie pidió, como si fuera un Google Maps de la vida: siempre recalculando la ruta. Ese amor no es romántico, es práctico. Es el que te salva, aunque lo niegues.

Y luego está la amistad, que es el amor más libre de todos. El amigo que te acompaña a una mudanza, aunque sepa que vas a pagarle solo con pizza. El que escucha tus dramas, aunque ya se sepa la historia de memoria. El que, cuando todo se derrumba, aparece sin preguntar y te dice: «Venga, nos tomamos una cerveza y luego lo vemos».

El amor de pareja te despierta pasión, el familiar te proporciona raíces y la amistad te da oxígeno. Y juntos forman ese cóctel raro que nos sostiene, aunque a veces sepa más a resaca que a mojito.

Así que sí, el amor es maravilloso, pero no por lo que imaginamos..., sino por lo que aguantamos. Porque amar no es besar bajo la lluvia: es seguir compartiendo paraguas aunque el otro lo acapare todo. El amor no es la «media naranja», sino encontrar a alguien con quien la vida se parezca menos a una ensalada de fruta y más a una pizza fría compartida en el sofá. Y también es la familia que siempre llama, y los amigos que nunca te dejan solo, aunque sea para reírse juntos de lo mal que cocinas.

Ultraconexión infinita

Ojo, aviso para navegantes: antes de que empieces con este maravilloso tema, déjame colarme un segundo.

Hola, soy Ferran... ¿del futuro?, ¿del pasado? No lo tengo muy claro, porque llevo tanto rato revisando este neuropoder que me siento atrapado en un bucle temporal. Solo quería advertirte de algo: escribiendo este capítulo con Sara nos dimos cuenta de que el tema es tan interesante que resumirlo sería casi un crimen. Así que prepárate, porque aquí no hay versión reducida. Aquí vienen curvas, giros, vueltas de montaña rusa..., y como mínimo necesitarás cuarenta páginas antes de sentir que puedes empezar a aplicarlo. Así que respira hondo, ponte cómodo, y ahora sí: todo tuyo, Sara.

Sí, este capítulo es un poco más largo que los otros, pero lo merece, ya verás. Para empezar, quiero recordarte el concepto de la adaptación hedónica, esa tendencia que tenemos a acostumbrarnos rápidamente tanto a lo bueno como a lo malo que nos ocurre. ¿Lo recuerdas?

Lo bonito aquí es que, según indican algunos estudios, hay una gran excepción a esta teoría: las relaciones sociales. Conectar con las personas no solo eleva nuestro nivel de felicidad, sino que mejora el cerebro y la salud física en general.

En este apartado vamos a explorar:

- Qué ocurre en el cerebro cuando recibimos amor o conexión.
- Por qué el vínculo con otros es un verdadero neuropoder.
- Cómo potenciar relaciones sociales nutritivas que nos ayuden a vivir mejor.

Pero antes de ponernos manos a la obra, quiero saber qué opinas, Ferran. ¿Crees que las relaciones sociales te aportan más felicidad que otros parámetros como el dinero, la salud o el éxito profesional?

Sí, sin duda. Las relaciones sociales son lo más importante en mi vida, justo después de la relación que tengo conmigo mismo, que ya de por sí es un trabajo a jornada completa. El dinero, la salud o el éxito profesional son valiosos, claro, pero ninguno me ha hecho reír hasta quedarme sin aire o me ha escuchado durante horas sin mirar el reloj.

La felicidad, para mí, se construye en compañía: en esas conversaciones que empiezan con un café y acaban con una cena improvisada, en los abrazos que llegan antes que las palabras, en sentir que formas parte de algo más grande que tu propia lista de tareas. Puedo pasar temporadas cuidando mi carrera o mi cuenta corriente, pero siempre vuelvo a buscar a mi gente. Ellos son mi red de seguridad, mi espejo y, a veces, el cable que me conecta a tierra.

¿CUÁL ES EL MAYOR PREDICTOR DE LA FELICIDAD?

Muchos estudios han intentado responder a una gran pregunta: ¿qué es lo que realmente nos hace felices? ¿El dinero? ¿El éxito? ¿La salud?

Una de las investigaciones sobre el desarrollo adulto, dirigida por Robert Waldinger y Marc Schulz, se llevó a cabo en Harvard y fue recogida en el libro *La buena vida*. La investigación lleva más de ochenta años en marcha y ha seguido a más de mil personas durante sus vidas, preguntándoles periódicamente qué les hacía felices.

> Primera conclusión clave: cuando somos jóvenes creemos que el éxito o el dinero nos traerán la felicidad, pero, a la larga, eso no es lo que más importa.

Aunque es cierto que un nivel básico de ingresos es necesario para cubrir necesidades, a partir de cierto punto, ganar más no aumenta la felicidad (como ya mostraron también estudios de Daniel Kahneman). Entonces ¿qué es lo que realmente predice una vida feliz y plena? ¡Las relaciones sociales de calidad!

Y no se trata de tener muchos amigos. No es la cantidad, sino la calidad del vínculo lo que marca la diferencia.

Tener una o dos personas con las que puedas contar de verdad ya es suficiente. Lo importante es sentir que tienes gente que te quiere y a la que tú quieres.

Además de hacernos más felices, las buenas relaciones también:

- Mejoran la salud física y mental.
- Reducen el estrés.
- Nos hacen más longevos.

Un metaestudio de Holt-Lunstad (2010), con más de 300.000 personas, mostró que quienes mantenían vínculos sociales fuertes tenían un 50 por ciento más de probabilidad de vivir más tiempo que aquellos que se sentían solos. Las buenas relaciones no solo dan sentido a la vida. ¡También nos la alargan!

¿Les das importancia a tus relaciones sociales? Me encantaría saber tu opinión, Ferran, para poder desarrollar el tema desde allí.

Muchísima. Les doy la misma importancia que a comer bien o dormir lo suficiente, con la diferencia de que una buena conversación con amigos no engorda y no provoca insomnio…, bueno, salvo que se alargue hasta las tres de la mañana.

Las relaciones sociales son mi sistema de mantenimiento emocional: me ayudan a poner en perspectiva los problemas, me recuerdan que no estoy solo y, sobre todo, me hacen reír de cosas que, si me las contara a mí mismo, quizá no me harían tanta gracia. Cuidarlas es, para mí, tan necesario como pasar la ITV al coche: si no lo haces, tarde o temprano te quedas tirado.

¿Por qué no valoramos tanto las relaciones sociales como deberíamos?

Si sabemos que las buenas relaciones son el predictor número uno de la felicidad, ¿por qué seguimos creyendo que el dinero o el éxito nos harán más felices? Hay varias razones, y todas tienen que ver con cómo funciona nuestro cerebro:

1. Nos atrae lo medible y predecible
   A nuestro cerebro le encantan las cosas tangibles, cuantificables y controlables. El dinero, el éxito, el número de seguidores en redes sociales... son visibles, acumulables y fáciles de comparar. En cambio, las relaciones sociales son complejas, caóticas, difíciles de medir y de controlar. No hay un *ranking* claro de qué es una buena relación ni pasos concretos para conseguir una.
2. La dopamina nos hace querer siempre más
   Como vimos, la dopamina nos impulsa a buscar logros, placer inmediato y recompensas crecientes. Las relaciones no siempre son una fuente constante de *subidón*, y eso puede hacer que no las prioricemos.
3. Nos dan miedo
   Las relaciones pueden hacernos muy felices, pero también muy vulnerables. Como el cerebro odia la incertidumbre y le teme al dolor, muchas personas prefieren evitarlas. ¿El resultado? Nos

enfocamos en lo *seguro* (trabajo, metas, rutinas) y olvidamos que lo más valioso no se compra ni se controla.

4. Tememos perder más de lo que valoramos ganar
El cerebro da más peso a las pérdidas que a las posibles ganancias. Por eso muchas veces nos cuesta ver el beneficio real de invertir tiempo y energía en nuestros vínculos.

«Me hubiera gustado pasar más tiempo con la gente que quiero…».

Esta es una de las frases más repetidas por los participantes mayores del famoso estudio de Harvard. Y es que, aunque sepamos que las relaciones importan, solemos llegar tarde a valorarlas.

No obstante, la buena noticia es esta:

> ¡Nunca es tarde! Gracias a la plasticidad cerebral, siempre podemos reconectar con lo que realmente importa.

Empieza hoy: llama, queda, cuida, escucha, ríe. Invierte tiempo en las personas que te hacen bien. Más adelante, te presentaremos más estrategias para profundizar en estas conexiones.

El poder de las conexiones sociales en el cerebro

Cuando nos relacionamos con personas que queremos y en quienes confiamos, activamos uno de los sistemas emocionales más poderosos del cerebro: el sistema de CUIDADO/APEGO, identificado por el neurocientífico Jaak Panksepp.

Este sistema involucra estructuras clave como la corteza cingulada anterior (CCA), la amígdala, el área septal, el hipotálamo y los núcleos basales. ¿Qué logra este sistema? Nos hace sentir seguros, protegidos y tranquilos.

¿Qué pasa cuando nos sentimos acompañados?

- Disminuye la actividad de la amígdala (menos miedo).
- Se activa el sistema nervioso parasimpático (más calma).
- Bajamos los niveles de estrés y ansiedad.
- Aumentamos la oxitocina, la hormona de la conexión, del amor.

La oxitocina se libera cuando abrazamos, acariciamos, damos la mano, compartimos una charla profunda, miramos a nuestra mascota... Y también en momentos clave como el parto, la lactancia o el sexo. Esta neurohormona no solo genera bienestar, calma, sino que refuerza la confianza y los vínculos.

Conexión = Protección

- El amor y el apoyo emocional nos protegen del miedo y del dolor.
- Las relaciones de calidad aportan calma al cerebro y favorecen una mejor salud física y emocional.
- Lo más importante en un vínculo sano es sentirse seguro. Cuando esto no sucede, aparecen la desconfianza, la ansiedad y el conflicto.

Las relaciones sociales no solo nos hacen felices, también nos hacen sentir protegidos, seguros y conectados. Son un escudo natural para la mente y el cuerpo. A mí me gusta decir que «el amor es un bálsamo para el cerebro».

Diferencia entre amar y estar enamorado en el cerebro

Y, hablando de amor, vamos a ver cómo el amor de pareja transforma el cerebro y qué diferencia hay con el enamoramiento. Muchas veces solemos usar los términos «amor» y «enamoramiento» como si fueran lo mismo, cuando desde el punto de vista cerebral son dos experiencias completamente distintas.

> Estar enamorado implica una fuerte activación del circuito de recompensa del cerebro, con un aumento de dopamina, lo que genera pasión, deseo y una gran sensación de euforia.

Al mismo tiempo, disminuye la actividad de la corteza prefrontal (responsable del juicio crítico) y de la amígdala (gestión del miedo), lo que nos hace sentir más impulsivos, confiados y desinhibidos. Además, se eleva la noradrenalina, lo que explica la aceleración del corazón o la atención intensa hacia la otra persona. También disminuye la serotonina, lo que incrementa los pensamientos obsesivos y la dificultad para dormir. Esta fase, según los estudios, tiene una duración limitada, menos de tres años.

En cambio, el amor a largo plazo activa otro tipo de química cerebral. Aquí dominan la oxitocina, las endorfinas y la vasopresina. La oxitocina y las endorfinas generan calma, vínculo, confianza y bienestar físico y emocional. La vasopresina, más activa en los hombres, está asociada con el sentido de protección hacia la pareja y los hijos, así como con comportamientos de defensa y vigilancia.

Este amor más estable también reactiva la corteza prefrontal y la amígdala, lo que promueve una mayor conciencia y equilibrio emocional. Se activan además la corteza cingulada anterior y la ínsula, que permiten una mejor conexión entre lo emocional y lo racional. Estas zonas forman parte de la red de saliencia, responsable de identificar lo importante, ayudándonos a estar más atentos a lo que sentimos y vivimos.

Las investigaciones muestran que las personas que aman y se sienten amadas tienden a una mejor salud física y mental, menos visitas médicas, mejor recuperación ante enfermedades y mayor bienestar general. Incluso se ha encontrado que el amor puede ayudarnos a ubicarnos emocionalmente y a percibir con mayor claridad dónde estamos en nuestra vida.

El amor, cuando es profundo y maduro, es un regulador emocional potente y un gran protector para nuestro cerebro.

TODO EMPIEZA EN LA INFANCIA

Las personas con mayor capacidad para crear relaciones de calidad suelen haber experimentado en su infancia lo que se conoce como apego seguro. Este concepto ha generado mucho interés en las últimas décadas, especialmente por su papel clave en el desarrollo emocional.

Durante años, se pensaba que para que un mamífero sobreviviera solo necesitaba alimento, refugio e higiene. Sin embargo, los estudios demostraron que el contacto emocional, el calor humano y el vínculo afectivo son igual de importantes —o incluso más— que cubrir las necesidades básicas.

Uno de los experimentos más conocidos en este ámbito fue realizado por el psicólogo Harry Harlow con monos rhesus. En su estudio, los monos eran criados en jaulas con dos madres artificiales: una hecha solo de alambre que ofrecía un biberón con leche, y otra cubierta de una mantita suave, pero sin alimento.

Los resultados fueron sorprendentes. Los monos preferían pasar la mayor parte del tiempo con la madre que estaba enrollada con la manta, buscando consuelo y contacto físico, incluso cuando la otra madre era la que les proporcionaba comida. Este experimento reveló que el afecto, la calidez y el contacto físico son esenciales para el bienestar emocional desde los primeros días de vida.

El apego que se forma en la infancia sienta las bases de cómo nos relacionaremos con los demás en la vida adulta. Nos permite desarrollar confianza, empatía y la capacidad de establecer vínculos estables y enriquecedores.

Los resultados del experimento de Harlow fueron claros: los monos acudían a la madre de alambre solo para alimentarse, pero pasaban el resto del tiempo abrazados a la madre de «peluche». Ante cualquier estímulo amenazante, corrían también hacia la madre con la manta buscando protección y consuelo. Esto demostró que no solo necesitaban alimento, sino también afecto, contacto y una sensación de seguridad.

Harlow fue más allá, y aunque sus métodos fueron muy cuestionables, dejó en evidencia algo muy importante: cuando los monos eran criados sin ningún tipo de contacto ni cuidado materno, desarrollaban graves alteraciones mentales e incluso llegaban a morir. El aislamiento total afectaba profundamente su salud mental y física.

Estos hallazgos sentaron las bases para entender que el vínculo afectivo en la infancia no es un lujo, sino una necesidad biológica fundamental, tanto para el desarrollo cerebral como para el bienestar emocional a largo plazo.

Algo similar se ha visto también en humanos, en especial, en orfanatos como los de Rumanía. Uno de cada cuatro niños adoptados en orfanatos desarrolla dificultades emocionales o mentales. Hoy sabemos que los primeros mil días de vida (te hago las cuentas rápido: son tres años) son esenciales para el desarrollo cerebral, y uno de los factores más determinantes es el vínculo afectivo con una figura cuidadora, normalmente los padres.

Este vínculo, conocido como apego seguro, se establece cuando el niño siente que puede contar con sus cuidadores cada vez que tiene una necesidad (hambre, sueño, miedo...). Se construye a través del contacto físico, las miradas, las palabras y la presencia constante. La oxitocina, la hormona del vínculo, juega aquí un papel central.

John Bowlby y Mary Ainsworth identificaron cuatro tipos de apego: seguro, evitativo, ansioso-ambivalente y desorganizado. Los tres últimos se agrupan como apego inseguro y surgen cuando las respuestas del cuidador no son consistentes, empáticas o seguras.

El tipo de apego que se forma en la infancia tiende a mantenerse en la edad adulta. Quienes crecen con apego seguro suelen establecer mejores relaciones, tener mayor inteligencia emocional y menos riesgo de depresión. En cambio, un apego inseguro puede generar dificultades para conectar con las personas, alteraciones en el eje del estrés (HHA), problemas de aprendizaje y mayor vulnerabilidad a trastornos mentales.

> Además, cada vez se conoce más sobre la influencia de la llamada memoria intergeneracional y transgeneracional: lo que vivieron nuestras madres (y generaciones anteriores) antes de nuestro nacimiento también puede marcar nuestra capacidad de vincularnos emocionalmente en la adultez.

¿Qué estilo de apego predomina en ti?

Existen diferentes formas en las que nos vinculamos emocionalmente con los demás. Estas formas —o estilos de apego— se desarrollan en la infancia a partir del vínculo con nuestros cuidadores y, aunque pueden cambiar con el tiempo y la experiencia, suelen dejar una huella profunda en la manera en que nos relacionamos en la vida adulta.

Apego seguro

Quienes tienen un apego seguro suelen sentirse tranquilos tanto estando cerca de los demás como manteniendo su autonomía. Confían en las personas que quieren, saben expresar lo que sienten y manejan sus emociones sin desbordarse. En general, establecen relaciones estables, sanas y enriquecedoras.

Apego ansioso (ambivalente)

En este caso, la necesidad de cercanía emocional puede volverse excesiva. Aparece un miedo constante al rechazo o al abandono, lo que puede traducirse en conductas dependientes, necesidad de aprobación y celos. El deseo de conexión es muy intenso, pero muchas veces genera malestar en lugar de calma.

Apego evitativo

Aquí la tendencia es protegerse manteniendo cierta distancia emocional. Las personas suelen mostrarse autosuficientes, incómodas con la vulnerabilidad y con dificultades para expresar sus emociones o dejarse cuidar. Evitan el conflicto, pero también la intimidad profunda.

Apego desorganizado

Es el estilo más complejo. Mezcla actitudes opuestas: deseo de cercanía y, al mismo tiempo, temor a ella. Puede haber respuestas impredecibles o contradictorias en las relaciones. Es frecuente en personas que han vivido experiencias traumáticas o vínculos inseguros durante su infancia. Pueden sentirse confundidas o en alerta constante dentro de sus relaciones.

Es importante saber que no tenemos un solo estilo de apego fijo para siempre. El apego se manifiesta en función de nuestras experiencias y puede variar incluso según la persona con la que nos relacionamos. Es posible que con algunas personas nos sintamos seguros y con otras surjan nuestros miedos o defensas. Lo positivo es que, gracias a la plasticidad del cerebro y a vínculos nuevos y sanos, podemos transformar nuestro estilo de apego con el tiempo. Venga va, que me imagino con cuál de ellos te identificas, Ferran. ¿Qué me dices?

Pues no sé si te lo esperas, pero ya te digo ahora que estoy cómodamente instalado en el número dos: apego ansioso-ambivalente, para servirle. Es mi naturaleza, como quien nace con rizos o con facilidad para perder las llaves. Eso sí, todos los días me trabajo el número uno, el apego seguro, porque sé que es el que realmente me hace bien.

Es un poco como vivir en un segundo piso, pero pasar mucho tiempo en el ático: en el dos tengo todas mis costumbres y mis rarezas, pero en el ático hay mejores vistas y entra más luz. Eso sí, subir requiere esfuerzo.

¿Hasta qué punto necesitamos conectar con otros?

No me di cuenta de la importancia que tiene conectarnos con los demás hasta que descubrí la teoría polivagal, propuesta por el neurocientífico Stephen Porges. Aunque puede sonar técnica, su mensaje es muy simple y poderoso: nuestro sistema nervioso está diseñado, desde el nacimiento, para buscar conexión con los demás como primera respuesta ante cualquier amenaza o necesidad.

Imagina esto: ¿qué hace un bebé cuando tiene hambre o siente miedo? Llama a su madre. No intenta resolverlo solo. Busca instintivamente a alguien que le cuide. Ese primer impulso —buscar la conexión— es también el más regulador para nuestro sistema nervioso.

Según esta teoría, el sistema nervioso autónomo responde al estrés siguiendo una especie de jerarquía natural:

1. Primero intentamos conectar.
   Cuando percibimos una dificultad o amenaza, nuestra primera vía de respuesta es buscar ayuda, contacto o consuelo. Si encontramos a alguien disponible y receptivo, se activa la rama ventral (más nueva) del nervio vago. Esta nos permite calmarnos, sentirnos seguros y volver a un estado de bienestar. Es aquí cuando segregamos sustancias como la oxitocina y las endorfinas, que generan sensación de calma, conexión y alivio.

2. Si no podemos conectar, entramos en alerta.
   Si no hay nadie que nos ayude, pasamos al segundo nivel: modo lucha o huida. Se activa el sistema simpático, y nos preparamos para actuar frente al peligro. Aquí aparecen la adrenalina, la noradrenalina y el cortisol. Es un estado de tensión, de estrés agudo. Imagina a un niño que no recibe consuelo: llora más fuerte, grita. El cuerpo busca hacer algo para sobrevivir.

3. Si tampoco podemos luchar o escapar, nos desconectamos.
   Si no conseguimos ayuda y no podemos huir, el sistema nervioso pasa al último recurso: la desconexión total, llamada también estado de inmovilización o *hacerse el muerto*. Aquí se activa la rama dorsal del nervio vago, una vía más antigua y primitiva. Nos apagamos, nos rendimos, y el cuerpo entra en un modo de mínima energía. Esto genera inflamación interna y un estado emocional que se puede parecer a la tristeza, la apatía o incluso la disociación.

Este patrón no solo se observa en humanos, sino también en muchos animales.

> Cuando un ciervo es perseguido por un depredador, primero corre hacia su manada. Si no encuentra apoyo, huye. Si es atrapado, se queda quieto, como muerto. Esa última estrategia, paradójicamente, puede salvarle la vida.

Lo interesante de esta teoría es que nos recuerda lo biológico que es nuestro impulso de conectar y cómo la falta de conexión puede ser vivida por nuestro cuerpo como una amenaza real. Por eso, cultivar relaciones de calidad no es solo algo bonito: es una necesidad profundamente arraigada en nuestro sistema nervioso para sentirnos bien y seguros.

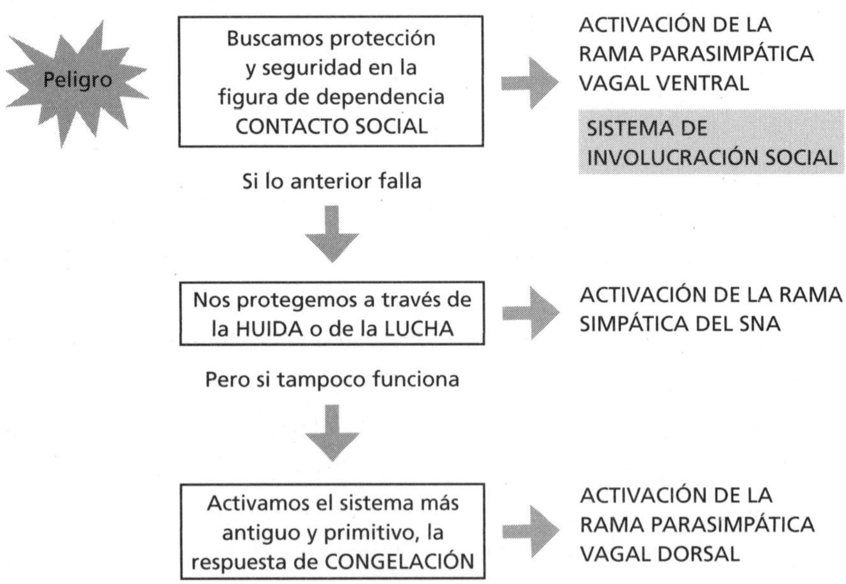

Conectar es una necesidad biológica

La teoría polivagal, como hemos visto, pone de manifiesto algo esencial: el deseo de conectar con los demás no es solo un anhelo emocional, sino una necesidad biológica básica. En momentos de estrés o amenaza, lo primero que hace nuestro sistema nervioso es buscar la conexión con otro ser humano. Este impulso tiene una función clara: garantizar la supervivencia.

En esta línea también encontramos la teoría *tend and befriend* (cuidar y hacer amigos), propuesta por la psicóloga Shelley E. Taylor. Sugiere que, ante situaciones de estrés, las personas —y especialmente las mujeres— no solo reaccionan con lucha o huida, sino que muchas veces lo que hacen es buscar apoyo social. Cuidan, se vinculan y tratan de establecer lazos de seguridad. Este tipo de respuesta está mediada por la oxitocina, la hormona que favorece la calma, el afecto y el sentido de conexión.

> Este impulso de *buscar al otro* se considera la estrategia de regulación emocional primaria. Es decir, desde que somos bebés, lo primero que hacemos para calmarnos o sentirnos protegidos es buscar una figura de apego.

Estas son buenas preguntas para comenzar a explorarte: «¿En qué estado paso más tiempo yo? ¿Me es fácil conectar con los demás? ¿Tengo estrategias que me ayuden a volver a un estado de bienestar cuando me aparto de él?».

Aunque en la infancia necesitábamos de otro para regularnos, en la vida adulta podemos aprender a autorregularnos también por otras vías. Por ejemplo, herramientas como la meditación, la escritura, la música, los paseos por la naturaleza o incluso el silencio te facilitan la tarea de recuperar tu centro. No hace falta ahora que te pases el día acompañado, pasar tiempo solo también es muy beneficioso y necesario.

El ejercicio que se muestra a continuación puede ayudarnos a tener más conciencia de qué cosas nos sirven para conectar con los demás y qué cosas nos valen para poder llegar a ese estado de conexión con nosotros mismos y con los demás. También nos permite reflexionar sobre qué es lo que nos saca de ese estado de bienestar (vagal ventral) y qué nos ayuda a salir de los otros dos estados (SS y vagal dorsal).

	COSAS QUE PUEDO HACER POR MI CUENTA	COSAS QUE PUEDO HACER CON LOS DEMÁS
Vagal vental	¿Qué me ayuda a quedarme aquí?	¿Qué me ayuda a quedarme aquí?
Simpático	¿Qué me saca de aquí?	¿Qué me saca de aquí?
Vagal dorsal	¿Qué me saca de aquí?	¿Qué me saca de aquí?

Viendo esto, Ferran, no puedo evitar preguntarte: ¿qué otras cosas te ayudan a entrar en un estado de conexión y equilibrio emocional?

Leer. Escuchar un buen disco, pero como se hacía antes: entero, cara A y cara B, sin saltar canciones ni mirar el móvil cada tres minutos. También perderme en un libro de tiras cómicas de *Calvin and Hobbes* o de *Peanuts*, y pasar la tarde riéndome como si tuviera ocho años otra vez.

Son momentos sencillos, pero tienen algo en común: me obligan a parar, a prestar atención y a disfrutar sin prisa. Y, pensándolo bien, todas estas cosas son mi manera de meditar. Así que sí, meditar me mola…, solo que en mi caso a veces tiene banda sonora y viñetas. La verdad es que no sé si voy bien, pero lo hago así. ¿Qué dice la ciencia sobre esto? ¿Me ayuda a conectar esto con los demás? ¿O me convierte en ermitaño?

Pues, mira, tienes que saber que la teoría polivagal también nos recuerda algo fundamental: solo cuando estamos en un estado de equilibrio emocional —es decir, en el estado vagal ventral— somos realmente capaces de conectar de forma auténtica con los demás.

Cuando nuestro sistema nervioso está en modo alerta (estado simpático) o en congelamiento (estado vagal dorsal), esa conexión se vuelve mucho más difícil. En esos estados, el cuerpo está enfocado en sobrevivir, no en relacionarse. En cambio, en el estado vagal ventral —ese estado de seguridad, calma y apertura— estamos disponibles emocionalmente para los otros. Es ahí donde puede darse el verdadero vínculo.

Este estado está regulado por la rama más reciente del nervio vago, conecta directamente con zonas clave como el rostro, el cuello, la garganta y el diafragma. Por eso, elementos como un tono de voz cálido, una mirada amable, una caricia o una escucha activa y presente son esenciales para crear conexión emocional. También lo son ciertos marcadores fisiológicos, como una alta variabilidad de la frecuencia cardiaca (VFC), que indican que el sistema nervioso está equilibrado, en calma.

Más adelante veremos en detalle cómo cultivar estas cualidades que facilitan el vínculo. Por ahora, basta con quedarnos con esta idea: solo cuando estamos regulados emocionalmente podemos verdaderamente conectar con los demás.

Y aquí me surge una duda muy concreta, Ferran. Bajo estrés, ¿sueles pedir ayuda a alguien?, ¿estar con otras personas te ayuda a regularte emocionalmente?

Me cuesta pedir ayuda, lo reconozco. Una parte de mí cree que, si no lo resuelvo solo, me suspenden como *adulto funcional*. Aun así, siempre acabo pidiéndola: la experiencia me ha enseñado que no es debilidad, es inteligencia… y señal de fatiga mental.

Las frases que me digo van de, primero, «puedo con todo», luego, «bueno, con casi todo», a, por último, «¿alguien tiene un manual para esto?». Curiosamente, cuando por fin pido ayuda, la respuesta suele ser más cariñosa de lo que esperaba.

Y sí: estar con otras personas es uno de mis mejores reguladores emocionales. Como mínimo, una vez por semana salgo a tomar algo con amigos, aunque solo sea para que me recuerden que la vida no se mide en correos respondidos. Una conversación sincera recoloca la cabeza mejor que muchos cursos que no acabas.

El dolor de no gustar

Otra forma clara de ver cuánto necesitamos a los demás es observar cómo reacciona nuestro cerebro cuando nos valoran positivamente. Cuando recibimos un elogio, un like, un *match* en Tinder o simplemente alguien nos dice que le gustamos, se activa nuestro circuito de recompensa. Liberamos dopamina y sentimos placer, igual que al comer o tener relaciones sexuales. Es decir, gustar al otro también es una necesidad básica para nuestro cerebro.

Y lo más sorprendente: cuando alguien nos rechaza, nos critica o nos ignora, el cerebro reacciona igual que si nos golpeáramos físicamente. Se activan regiones como la corteza cingulada anterior y la ínsula, que son las que procesan el dolor físico. Esta es la base de lo que propone el neurocientífico Matthew Lieberman: el rechazo social duele, literalmente.

> Tan real es este dolor que se ha visto que tomar un analgésico puede reducir tanto el malestar físico como el emocional. Aunque, por supuesto, el mejor *analgésico* es sentirte acompañado, acogido, querido.

No es solo cuestión de emociones: la soledad no elegida perjudica gravemente la salud. Las personas que se sienten solas tienen más enfermedades, duermen peor, sienten más dolor, rinden menos cognitivamente y viven menos. Algunos estudios comparan los efectos de la soledad crónica con fumar quince cigarrillos al día. Impactante, ¿no?

Por eso, es completamente natural que nos importe lo que piensan los demás, que nos duelan las críticas o que queramos agradar. Nuestro cerebro está hecho para socializar, no para el aislamiento. Esta necesidad de pertenencia es tan fuerte que a veces se convierte en una vulnerabilidad. Lo saben bien quienes diseñan redes sociales o quienes se benefician de nuestra inseguridad con la imagen.

> La clave no es dejar de querer gustar, sino recordar que nuestro valor no depende de la validación externa.

Para calmar ese dolor, nada mejor que el vínculo real con quienes de verdad nos quieren.

Tenemos un cerebro social

Nuestro cerebro está diseñado para conectar con los demás. De hecho, en las últimas décadas, se ha descubierto que tenemos una red específica dedicada a gestionar nuestras relaciones e interacciones sociales: lo que hoy se conoce como el *cerebro social*.

Este sistema no está en una única parte del cerebro, sino que es una red compuesta por diferentes áreas que trabajan juntas para ayudarnos a interpretar emociones, intenciones y comportamientos de quienes nos rodean.

Muchas de estas regiones ya han aparecido a lo largo del libro. Aquí repasamos sus funciones clave:

- Amígdala: procesa las emociones, especialmente las relacionadas con el miedo o la alerta. Se activa, por ejemplo, cuando alguien nos mira con enfado o preocupación. Nos ayuda a interpretar gestos y expresiones faciales.
- Hipotálamo: regula funciones básicas del cuerpo como el sueño, el hambre o la temperatura, pero también interviene en las respuestas emocionales. Llorar, sentir tristeza o alivio también pasan por él.
- Corteza cingulada anterior (CCA): detecta lo que es importante para nosotros, como el llanto de un bebé o una discusión incómoda. Nos impulsa a actuar en contextos sociales.
- Ínsula: interpreta cómo nos sentimos por dentro (interocepción). Junto a la CCA, es clave para registrar el dolor emocional, como el rechazo o la soledad.
- Corteza prefrontal (CPF): en especial la ventromedial y la orbitofrontal, regula nuestro comportamiento social, por ejemplo, lo que está bien o mal, cuándo callar, cuándo hablar, cuándo acercarnos o alejarnos. Activarlas nos ayuda mucho a ganar bienestar eudaimónico.
- Núcleo accumbens: forma parte del sistema de recompensa. Se activa cuando alguien nos sonríe, nos abraza o nos muestra cariño. Nos hace sentir placer al conectar.

La red neuronal por defecto (RND) se superpone a este cerebro social, cosa que tiene sentido. La RND se activa cuando estamos en modo *pensamiento interior*, recordando el pasado, soñando despiertos o dándole vueltas a una conversación. Es el momento donde más pensamos en nosotros y, casi siempre, en relación con los demás. Se cree que esta red nos ayuda a *ensayar* nuestras interacciones, imaginar escenarios sociales y entender mejor a los demás.

Por último, otras áreas como la unión temporoparietal y el polo temporal anterior también forman parte de este entramado social. Nos permiten leer entre líneas, captar intenciones y adaptarnos a las normas sociales.

En resumen, las relaciones no son solo un accesorio emocional, sino que están profundamente arraigadas en nuestra biología cerebral. Conectar, compartir, interpretar al otro... no son habilidades que simplemente aprendemos, son parte de cómo estamos hechos.

Ferran, me surge ahora una pregunta más personal: ¿te sientes solo normalmente? Y ya que estoy, ¿te gusta gustar?, ¿complacer?, ¿te sientan mal las críticas?

Hace años que acepté que, en esencia, estoy solo. Y no lo digo con dramatismo, sino como quien acepta que el invierno será frío: no me sorprende y me permite prepararme. La gente que está a mi alrededor viene y va, y pensar así me ayuda a no aferrarme demasiado y a ser más feliz con lo que hay en cada momento.

Eso no significa que la bajona no aparezca de vez en cuando. Cuando pasa, me obligo a mirar bien alrededor y recordar a toda esa gente que quiero y que me quiere. Entonces la soledad se vuelve más ligera, casi como un descanso entre abrazos.

Y en cuanto a gustar..., creo que todas las personas que nos dedicamos a exponernos tenemos ese punto de búsqueda de aplausos. Así que sí, me gusta gustar y me gusta que guste lo que hago, sobre todo porque sé el esfuerzo que hay detrás.

Las críticas..., las destructivas me parecían terribles hace años, me dejaban dándole vueltas a la cabeza durante días. Las constructivas siempre las he sabido llevar bien porque ayudan a mejorar. Ahora, la verdad, me la sudan las dos. No es que me haya vuelto de piedra, es que he aprendido a elegir en qué vale la pena gastar energía.

Y sí, me encanta complacer a los demás. Para mí es una forma de placer mutuo brutal, casi como hacer el amor: ambas partes disfrutan y, si sale bien, todos quieren repetir.

Recomendaciones para conectar mejor con los demás

Muchos de los malestares emocionales y trastornos mentales que vemos hoy tienen un origen profundamente social. Como afirma el neurocientífico Manuel Martín-Loeches, «la mente humana es vulnerable por ser principalmente social». Nuestra necesidad de pertenecer, de ser aceptados, de gustar..., está grabada en el cerebro. Por eso, conocer —desde la neurociencia y la psicología— qué favorece una buena conexión con los demás puede ser una herramienta poderosa para mejorar nuestra salud mental, aumentar nuestro bienestar emocional y vivir relaciones más plenas.

Dedica tiempo a tus relaciones de calidad

Este ejercicio, llamado *Social Fitness*, lo presentan Robert Waldinger y Marc Schulz en su libro *Una buena vida*, basado en el famoso estudio de Harvard sobre la felicidad. La idea es sencilla pero poderosa: revisar conscientemente si estás pasando más tiempo con personas que te recargan o que te desgastan.

Empieza por hacer una lista con tus personas más cercanas: amigos, pareja, familia, compañeros de trabajo... Después, clasifica a cada una dentro de un cuadrante según dos criterios:

- Frecuencia: cuánto tiempo pasas con esa persona.
- Impacto emocional: si te aporta energía o te la quita.

Por ejemplo, si interactúas a menudo con un compañero de trabajo que te deja agotado emocionalmente, ubícalo en la zona de «alta frecuencia y bajo impacto positivo». El objetivo no es juzgar, sino tomar conciencia.

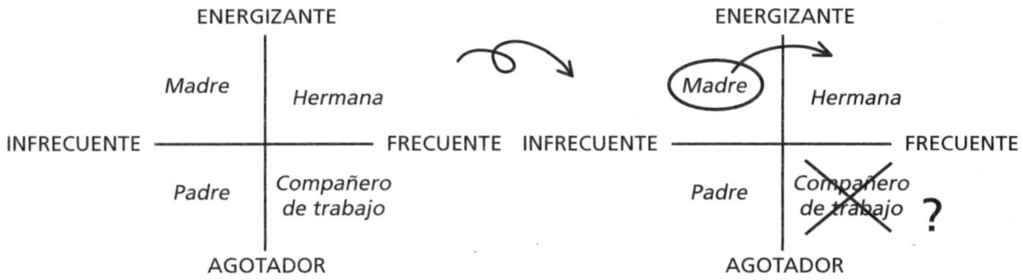

Robert Waldinger, Marc Schulz, *Una buena vida*, Barcelona, Booket, 2024

Refuerza las relaciones que te nutren

Una vez hayas colocado a tus personas cercanas dentro del ejercicio de *Social Fitness*, toca hacer algo con esa información. El primer paso es sencillo: mira quiénes están en ese primer cuadrante (personas que ves poco, pero que te llenan) y piensa cómo puedes moverlas al segundo cuadrante (personas que ves a menudo y que también te llenan).

¿A quién podrías llamar más o enviarle más audios? ¿Con quién podrías volver a quedar? ¿Qué pequeñas acciones podrías hacer para cuidar esos vínculos que realmente te hacen bien?

> Al darle más espacio en tu vida a estas relaciones, estarás subiendo tu nivel de energía, satisfacción y bienestar. No es magia, es ciencia: sentirnos conectados con quienes nos hacen bien es una de las claves más importantes para ser felices.

En el otro extremo, este ejercicio también te puede mostrar de forma muy clara quién está en ese cuarto cuadrante: personas con las que pasas mucho tiempo, pero que te drenan, te desgastan o te descolocan emocionalmente. La pregunta aquí es: ¿puedo reducir el tiempo con estas personas? ¿Puedo poner límites o al menos protegerme emocionalmente mejor cuando esté con ellas?

Insisto, no se trata de juzgar ni de cortar por lo sano. No siempre es posible distanciarnos del todo (puede ser un jefe, un familiar...), pero sí podemos ajustar cómo y cuánto nos exponemos. No todo vínculo tiene que ser profundo, pero sí podemos cuidar qué energía nos llevamos de cada uno.

También es importante reconocer lo que ya haces bien, de modo que, si tienes relaciones que te llenan, felicítate por ello y sigue cultivándolas.

Aunque la frase «aporta o aparta» puede sonar muy tajante (las personas no son objetos que se descartan), no podemos ignorar que pasar demasiado tiempo con quienes no nos hacen bien puede afectar directamente a nuestra salud emocional, mental e incluso física.

Habilidades clave para mejorar tus relaciones según la investigación científica:

- Empatía, para ponerte en el lugar del otro con sensibilidad.
- Generosidad y amabilidad, para entregar sin esperar siempre algo a cambio.
- Curiosidad, para interesarte genuinamente por el otro, por cómo piensa y siente.

Estas tres cualidades son una base para tener relaciones auténticas y duraderas. Y, por suerte, son neuropoderes que también podemos desarrollar.

La empatía: la primera clave para conectar de verdad

Si queremos tener relaciones auténticas y profundas, no basta con compartir tiempo: necesitamos empatía. Es uno de los pilares fundamentales para conectar de manera real con los demás. Y aunque muchas veces usamos esta palabra de forma general, la neurociencia ha demostrado que existen tres tipos de empatía diferentes, y entenderlas puede ayudarnos a relacionarnos mejor.

1. Empatía emocional

Este tipo de empatía es el más visceral: sentimos, casi literalmente, lo que siente la otra persona. Es como si nos fundiéramos con su emoción, se produce un contagio emocional. Si el otro llora, se nos hace un nudo en la garganta; si se ríe, nos contagia su alegría.

Este fenómeno ocurre en parte gracias a las neuronas espejo, que nos permiten reflejar internamente lo que el otro experimenta. Compartir emociones de esta forma fortalece el vínculo y genera un apoyo emocional muy potente.

Ahora bien, si estamos muy expuestos al dolor ajeno durante mucho tiempo, podemos desgastarnos (como veremos más adelante con los estudios de la neurocientífica Tania Singer).

2. Empatía cognitiva

Aquí hablamos de una comprensión más racional. No necesariamente sentimos la emoción del otro, pero sí entendemos lo que está viviendo. Esta forma de empatía está muy relacionada con la llamada Teoría de la Mente (ToM): la capacidad de imaginar, de *mentalizar*, lo que pasa por la mente del otro —pensamientos, intenciones o creencias—, aunque no lo exprese abiertamente. No es que tengamos telepatía, sino que de alguna manera nos ponemos en la mente de los demás e intentamos entenderlos de una manera más intelectual. Nos permite anticipar reacciones, leer entre líneas, y actuar de forma más sensible en nuestras interacciones sociales. Por ejemplo, las personas con autismo suelen tener más dificultades en esta área, mientras que quienes tienen una fuerte inclinación al altruismo o la espiritualidad tienden a desarrollarla más fácilmente.

3. Empatía compasiva (o compasión)

Este tipo va un paso más allá: no solo comprendo lo que siente el otro, sino que deseo prevenir y aliviar su sufrimiento.

La compasión implica una motivación activa, el deseo de ayudar al otro. Se activan regiones cerebrales vinculadas con la regulación emocional, el juicio moral y el sistema de recompensa (como la corteza orbitofrontal o la CCA). Es decir, ser compasivo también nos hace sentir bien.

Tania Singer, una reconocida neurocientífica, demostró que cuando sufrimos demasiado con el otro (empatía emocional pura), nuestro cerebro activa redes similares al dolor físico, y eso nos puede llevar a alejarnos o bloquearnos. Sin embargo, con la compasión, se accionan estas otras redes que nos ayudan a conectar de forma más saludable, a ayudar sin desbordarnos, a ser más prosociales y a fortalecer los vínculos sin agotarnos.

Empatizar cuando la otra persona está feliz es fácil: compartimos la emoción, nos reímos juntos, liberamos oxitocina, dopamina, serotonina..., todo un cóctel de placer y conexión.

> Pero cuando la emoción del otro es dolorosa o compleja, es mejor recurrir a la empatía compasiva. Nos permite estar presentes sin perdernos en el malestar.

No se trata de hacerlo perfecto. Lo importante no es ser el más empático, sino tener la intención genuina de comprender y estar para el otro. De hecho, varios estudios muestran que las parejas más felices no son las más empáticas, sino las que más se esfuerzan en serlo. Ver que el otro intenta entenderte, aunque no siempre lo consiga, ya es suficiente para fortalecer la conexión.

Y aquí, Ferran, me interesa tu visión: ¿qué es para ti la empatía?, ¿cómo diferencias empatía de compasión?, ¿te consideras una persona empática?

Para mí, la empatía es esa capacidad de ponerte en el lugar del otro sin mudarte allí para siempre. Es entender lo que siente alguien, pero sin apropiarte de su dolor ni de su alegría. La compasión, en cambio, es cuando, además de entender, quieres ayudar a aliviar lo que esa persona está viviendo.

Me considero bastante empático. Escucho, presto atención, y cuando me cuentan algo importante intento no interrumpir con historias mías —aunque a veces la tentación es grande—. Creo que la empatía tiene un poder brutal para conectar a las personas, siempre que no se confunda con cargar con la mochila emocional de todos los que te rodean. Y lo más curioso es que, cuando la practicas, no solo entiendes mejor a los demás, también te entiendes mejor a ti mismo..., que ya es bastante trabajo.

Creo que la empatía se puede aumentar igual que un músculo: usándola. Escuchar de verdad —no solo esperar tu turno para hablar—, hacer preguntas con curiosidad genuina y, sobre todo, no dar por sentado que entiendes lo que el otro siente.

También ayuda exponerte a realidades distintas a la tuya: leer libros, ver películas o incluso viajar, no tanto para hacer turismo, sino para conocer vidas que no tienen nada que ver con la tuya. Y, muy importante, aprender a callar. No para guardar secretos, sino para dejar que el silencio le dé espacio a la otra persona.

Al final, la empatía es como aprender un idioma: no se logra con un cursillo de fin de semana, sino practicando un poco cada día... Y no necesitas Duolingo, solo interés por el otro.

La generosidad: cuando dar también es recibir

La generosidad no solo es un valor moral o una muestra de bondad: también tiene un impacto directo en nuestro cerebro. Ayudar a los demás, hacer un favor sin esperar nada a cambio, regalar tiempo o simplemente tener un gesto amable son señales que activan nuestro circuito de recompensa. ¿El resultado? Bienestar inmediato.

Cuando somos generosos, liberamos endorfinas, esas sustancias que nos hacen sentir placer y bienestar. De hecho, en estudios de neuroimagen se ha comprobado que comportamientos altruistas despiertan respuestas en el cerebro similares a las que sentimos cuando comemos algo delicioso o recibimos una buena noticia. Ser generosos nos da placer real. Como decía el Dalai Lama: «La verdadera felicidad consiste en hacer felices a los demás». Y ahora la ciencia le da la razón.

> Los estudios muestran que somos más felices y sentimos mayor recompensa cuando le regalamos algo al otro, cuando hacemos algo por el otro, que cuando nos damos un capricho o nos autorregalamos algo.

Como dice Laurie Santos, profesora experta en felicidad, la gente feliz pasa más tiempo pensando en los demás, donan más a causas sociales, dedican más tiempo a voluntariados y no se centran tanto en ellos. La científica insta a sus estudiantes a que hagan algo bueno por otra persona si quieren aumentar sus niveles de felicidad. En vez de ir a hacerse una manicura o un masaje, que se lo regalen a alguien, que, asegura, genera mayor felicidad.

La generosidad eleva nuestro nivel de satisfacción vital, esa sensación profunda de que nuestra vida tiene sentido. Contribuir al bienestar de los demás —aunque sea con gestos pequeños— nos conecta con algo más grande que nosotros mismos.

Pese a que los estudios y experimentos demuestran las bondades de *dar*, con frecuencia tendemos a actuar de forma egoísta. En muchas situaciones, las personas eligen antes un beneficio personal inmediato que una ganancia compartida. Nuestra mente se deja llevar por la gratificación a corto plazo.

Aun así, el cerebro también nos da pistas sobre por qué vale la pena salir de esa inercia. La corteza cingulada anterior (CCA), una de las áreas más activas en las personas compasivas y generosas, cumple un papel clave. Esta zona nos permite detectar lo que es relevante emocionalmente, regular nuestras respuestas y hacernos más conscientes de nosotros mismos y de los demás. Cada acto generoso fortalece nuestra capacidad de conectar, comprender y actuar desde la conciencia.

En resumen, ser generosos no solo beneficia al otro. También nos transforma por dentro: fortalece nuestra salud emocional, mejora nuestras relaciones y nos conecta con una versión más plena y coherente de nosotros mismos.

Ser amables con los demás

La generosidad y la amabilidad están muy vinculadas. Una de las estrategias más sencillas —y a la vez más efectivas— para sentirnos más conectados y elevar nuestro bienestar emocional es simplemente actuar con amabilidad hacia los demás.

La reconocida psicóloga Sonja Lyubomirsky llevó a cabo un experimento muy interesante. Analizó el impacto de los actos de bondad en la felicidad personal. Se pidió a los participantes en el estudio que realizaran cinco acciones amables a la semana durante cinco semanas. Pero se dividió al grupo en dos: a unos se les indicó que distribuyeran esas acciones a lo largo de la semana, mientras que otros debían concentrarlas todas en un solo día. ¿El resultado? Sorprendentemente, quienes realizaron sus cinco actos amables en un solo día fueron los que más aumentaron su nivel de felicidad.

Lyubomirsky concluye que cuando acumulamos gestos de generosidad y los realizamos de manera consciente en un momento concreto, el impacto emocional es mucho más potente. Es como si al enfocarnos en dar y aportar valor en un solo día, todo nuestro sistema se alineara con esa energía de conexión y entrega.

> Según ella, para que la amabilidad tenga un verdadero impacto en nuestro bienestar, no basta con ser simplemente amables de vez en cuando, sino que es necesario hacerlo con intención y algo más de intensidad de lo habitual.

Es decir, marcar la diferencia con gestos que sobresalgan en nuestro día a día.

Esta investigadora destaca además otro punto importante: la variedad en nuestras acciones amables. No se trata de repetir siempre el mismo gesto, sino de mantener esa actitud fresca, creativa y con sentido. Un día puedes tener un detalle, como regalar una flor; otro, ofrecer un abrazo sincero; y otro, dedicar tu tiempo a ayudar en alguna causa o colaborar como voluntario. Lo importante es que la acción no sea repetitiva, mecánica ni forzada, sino que te nazca de verdad, que tenga un valor auténtico para ti y para quien lo recibe.

Pero ¿por qué ser amables nos hace tanto bien? Más allá del vínculo que creamos con la otra persona, la amabilidad nos ayuda a sentirnos mejores personas, también con nosotros mismos, nuestra percepción interna mejora, y eso puede fortalecer tanto la autoestima como el optimismo. Puede haber detrás asimismo un deseo de aliviar el sufrimiento ajeno o incluso de reparar algún daño que hayamos causado antes. Ser amables puede ser una forma de buscar reconciliación, de recuperar el equilibrio, de sentirnos en paz.

Hay investigadores que defienden que esta capacidad de cuidar del otro, de salir de uno mismo para tener un gesto desinteresado, es clave para alcanzar ese bienestar profundo, duradero, el ya conocido bienestar eudaimónico, esa sensación de plenitud y sentido vital.

Y, por si fuera poco, la amabilidad se contagia. Cada gesto puede ser el inicio de una cadena. Alguien que ha sido objeto de un acto amable, con frecuencia se siente inspirado a replicarlo con otra persona. Un pequeño gesto puede encender una gran red de conexión humana. ¿No te parece casi mágico?

Curiosidad: la puerta de entrada a una conexión auténtica

Si queremos construir vínculos reales, necesitamos algo más que buenas intenciones: necesitamos curiosidad. La curiosidad es el motor que nos impulsa a interesarnos genuinamente por el otro, a salir de nuestra propia burbuja para observar, escuchar y comprender. Sin ella, ni la empatía ni la generosidad pueden desplegarse plenamente.

Cuando una persona se enamora, lo primero que se despierta no es el amor profundo e incondicional, sino una necesidad intensa de conocer al otro. Nos fascina lo que siente, lo que piensa, lo que le emociona. Ese estado de hiperconexión mental está impulsado por una tormenta neuroquímica donde destacan la dopamina y la noradrenalina, responsables de enfocar nuestra atención con intensidad y entusiasmo.

Este enamoramiento, como vimos, es normalmente el primer paso antes de que llegue el amor maduro. Por eso podemos decir que antes de amar, necesitamos interesarnos, y antes de interesarnos, necesitamos sentir curiosidad.

El neurocientífico Eduardo Calixto ha señalado con humor y preocupación que, en tiempos donde nuestra atención está tan fragmentada por pantallas y notificaciones, si no fuera por este *hiperfoco* cerebral que se genera al enamorarnos, nos costaría tener relaciones duraderas... ¡y seguir reproduciéndonos como especie!

Pero no hace falta estar enamorado para activar esta mirada curiosa. Ver al otro de verdad —sin filtros, sin proyecciones, sin juicios— es una práctica, que, por tanto, se entrena. Nuestro cerebro tiende a interpretar al otro según nuestras experiencias, expectativas y emociones. Por eso, requiere esfuerzo suspender esa narrativa interna y escuchar desde la presencia: como si fuéramos una hoja en blanco.

> Uno de los mayores obstáculos para lograr esto hoy en día es, sin duda, el móvil. Cuando estamos con alguien y dejamos el móvil sobre la mesa, aunque no lo estemos usando, parte de nuestra atención ya está dividida.

Según estudios recientes, consultamos el teléfono unas 150 veces al día (unas dos horas en total), muchas veces sin ser del todo conscientes de por qué lo hacemos. Cada notificación dispara pequeñas dosis de dopamina: son sorpresas, interrupciones breves que secuestran nuestra atención y nos generan una urgencia interna por responder o mirar. Es lo que se conoce como efecto Zeigarnik, una tendencia del cerebro a querer cerrar ciclos abiertos para obtener la gratificación de haber *completado* algo.

El problema es que cuando estamos con alguien, pero una parte de nuestra mente está ocupada esperando o resistiéndose a una notificación, no estamos realmente presentes. Nuestra atención se dispersa y con ello se debilita la conexión emocional.

De hecho, varios estudios han demostrado que nuestra capacidad de concentración y conexión se ve afectada simplemente por la presencia del móvil, incluso cuando no lo estamos utilizando de manera activa. Basta con tenerlo sobre la mesa, a la vista, para que una parte de nuestro cerebro esté *en guardia*, pendiente de si vibra, suena o aparece una notificación. No trabajamos igual con el móvil delante que si lo dejamos en otra habitación, en una taquilla o guardado en un cajón.

Lo mismo ocurre cuando estamos hablando con alguien cara a cara. El simple hecho de tener el móvil sobre la mesa (aunque esté en silencio) reduce la calidad de la conversación. No se genera el mismo nivel de conexión ni la misma profundidad emocional. La atención se diluye, como si una parte de nosotros estuviera siempre medio desconectada.

Por eso, si quieres conectar de verdad, guarda el móvil, apágalo o ponlo lejos de la vista. Regálale al otro tu atención completa. Esa es una de las formas más poderosas de decir: «Te veo, me importas, quiero estar aquí contigo».

SER CAPAZ DE VER MÁS ALLÁ DE TI

El filósofo y psicoanalista Erich Fromm, en su clásico *El arte de amar*, decía que el narcisismo —esa tendencia a centrarnos demasiado en nosotros mismos— es uno de los grandes obstáculos para amar de verdad.

Para conectar con los demás de forma profunda y real, necesitamos trascender esa mirada egocéntrica, dejar de usar al otro como un espejo y empezar a verlo por lo que es: una persona distinta a nosotros, con su historia, su mundo interno, sus emociones, sus matices. Solo entonces es posible una relación auténtica.

Está claro, nos encanta mirarnos y sentirnos mirados. Nos tranquiliza. Nos valida. Pero hay algo mucho más poderoso y transformador que ser el centro: abrirnos de verdad a ver al otro. Esto no significa olvidarnos de nosotros, sino aprender también a darle espacio al otro de manera real. Solo cuando dejamos de mirarnos constantemente, podemos empezar a construir relaciones que nutren, que expanden, que sanan.

MENOS YO, MÁS BIENESTAR

La neurocientífica Diana Tamir descubrió que nos pasamos casi la mitad del día hablando de nosotros mismos. Y en el mundo digital, ese porcentaje se dispara: cerca del 80 por ciento del contenido que compartimos online tiene que ver con nuestro propio *yo*. Y no es casualidad. Cuando sentimos que alguien nos escucha o nos presta atención —aunque sea a través de una pantalla—, se activa nuestro circuito de recompensa. Es decir, hablar de nosotros nos da placer.

¿Te has dado cuenta de lo mucho que pensamos en nosotros a lo largo del día? ¿Cómo estoy? ¿Qué quiero? ¿Qué me falta? No es que esté mal —cuidarse y conocerse es fundamental—, pero cuando esa mirada se vuelve obsesiva o excesiva puede empezar a hacernos daño.

De hecho, la neurociencia lo confirma. Las personas con ansiedad o depresión suelen tener un pensamiento muy centrado en uno mismo. Rumian mucho. Dan vueltas una y otra vez a sus emociones, sus errores, sus preocupaciones. Y esta forma de pensar está relacionada con una hiperactivación de zonas claves de la red neuronal por defecto (como la corteza cingulada posterior), relacionadas con el pensamiento autorreferencial. Es como si el cerebro se quedara atascado dentro del propio *yo*.

Pero también hay esperanza

Cuando se han estudiado los cerebros de personas expertas en meditación, se ha visto lo contrario: una disminución importante en la actividad de esa misma región.

> Es decir, cuanto menos centrados están en sí mismos, más calma, más equilibrio emocional, más bienestar.

Creo que está bien mirar hacia uno mismo. Es importante saber cómo estamos, escucharnos, atender nuestras necesidades. Pero ojalá también pudiéramos ensanchar la mirada. Ser capaces de salir un poco de nuestro mundo interno para mirar de verdad al otro. Verlo, acogerlo, estar disponibles cuando lo necesita. Cuanto más ampliamos esa perspectiva, más conexión generamos... y, ¡sorpresa!, más bienestar sentimos también nosotros.

> La ciencia lo demuestra con claridad: dejar de girar tanto alrededor del *yo* mejora nuestra salud mental y emocional. Ser menos autorreferenciales, más compasivos y más curiosos con los demás, no solo nos hace mejores compañeros de vida, sino también personas más equilibradas y felices.

Los conflictos en las relaciones sociales

Los conflictos son inevitables en cualquier relación. Sin embargo, lo que marca la diferencia no es tanto el conflicto en sí, sino cómo lo gestionamos juntos. Curiosamente, se ha observado que las relaciones en las que ambas partes expresan sus emociones durante los momentos de tensión tienden a durar más que aquellas en las que se evita hablar de lo que molesta o duele.

Evitar los conflictos puede parecer una forma de proteger la relación, pero a la larga tiene efectos negativos, no solo sobre el vínculo, sino también sobre nuestro propio bienestar y satisfacción vital.

Desde la neurociencia se ha visto que expresarse y pedir ayuda ante una dificultad no solo fortalece las relaciones, sino que también es beneficioso a nivel físico y mental. Tal y como mencionamos en el capítulo sobre la resiliencia, actuar de forma activa ante los retos (en lugar de negarlos o silenciarlos) ayuda a regular mejor el estrés y mejora la salud. Un ejemplo potente es el de personas con enfermedades graves como el cáncer: quienes se abren y buscan apoyo suelen tener mejores pronósticos que quienes enfrentan la situación en soledad o desde la negación.

Aprender a celebrar los logros ajenos

Estar al lado de alguien en los momentos difíciles es importante, sí, pero no lo es todo. También necesitamos personas que se alegren genuinamente por nosotros cuando las cosas van bien. Diversos estudios en psicología han puesto de manifiesto que la forma en la que respondemos a las buenas noticias que nos comparte alguien cercano puede tener un impacto profundo en la calidad de esa relación.

Cómo celebramos juntos los éxitos fortalece de manera increíble las relaciones. Cuando alguien nos cuenta algo que le hace ilusión y nosotros reaccionamos con entusiasmo, interés y alegría auténticos, estamos enviando un mensaje muy claro: «Te reconozco, me importas, y me hace feliz tu felicidad».

> Celebrar lo bueno con el otro es una forma poderosa de conexión emocional. Es estar presente no solo para sostener, sino también para impulsar y acompañar en el crecimiento.

Una gran propuesta para mejorar tus relaciones es estar atento cada vez que un amigo te cuente una buena noticia (por pequeñas que sean) y celebrarlo juntos. Se vio en un estudio: las personas que realizaron este pequeño ejercicio tres veces al día durante solo una semana se sintieron más felices y menos deprimidas.

Presta atención a tu lenguaje no verbal (y al del otro)

Una parte fundamental de nuestras relaciones está en aquello que no decimos con palabras: el lenguaje no verbal. Un simple gesto, una sonrisa o una mirada puede influir profundamente en la forma en que nos conectamos con los demás. Desarrollar una mayor conciencia sobre estos elementos nos permite relacionarnos de forma más auténtica y efectiva.

¿CÓMO MIRAMOS Y CÓMO NOS MIRAN?

La mirada es una herramienta poderosa. A través de los ojos comunicamos mucho más de lo que creemos. Gran parte del cerebro está dedicado a procesar la información visual, y la retina tiene una conexión directa con él. Esto convierte la mirada en una vía muy potente para acceder al estado interno del otro.

Uno de los aspectos más reveladores es el tamaño de la pupila. Esta se dilata cuando se activa el sistema nervioso simpático (por ejemplo, ante el interés, la emoción o el estrés) y se contrae cuando se acciona el sistema parasimpático (relajación, calma, desinterés). Sin que seamos conscientes de ello, nuestro cerebro percibe estas señales y extrae conclusiones sobre la actitud de nuestro interlocutor. Por eso, muchas veces una persona nos cae bien o mal desde el primer momento, sin saber explicar por qué.

LA SINCRONÍA CEREBRAL AL MIRAR A LOS OJOS

Mirarse a los ojos genera algo increíble: sincroniza los cerebros de las personas. Se ha observado que cuando dos personas se mantienen la mirada durante una conversación, sus cerebros comienzan a activar las mismas áreas de forma coordinada. Esto facilita una mayor comprensión y conexión emocional, además de favorecer el aprendizaje.

Este fenómeno no es exclusivo de los adultos, desde bebés experimentamos esta sincronía. Cuando una madre mira a los ojos de su bebé mientras lo alimenta, sus cerebros también se sincronizan. La neurocientífica Ruth Feldman lo describe de esta manera: «Es casi como si fuera un solo cerebro».

La intensidad de esta sincronización aumenta cuando el hablante transmite emociones y cuando ambas personas están plenamente presentes. Si bien puede ocurrir asimismo en comunicaciones digitales o escritas, se ha demostrado que es más fuerte en interacciones cara a cara.

Con quién te conectas, en quién te conviertes

La neurocientífica Nazareth Castellanos señala que nuestro cerebro se asemeja al de las personas con las que más interactuamos. Acabamos pareciéndonos, al menos a nivel neuronal, a aquellos con quienes compartimos tiempo y atención. Incluso sugiere cuidar los personajes a los que prestamos atención cuando consumimos series, películas o redes sociales, ya que acabarán influyendo en cómo pensamos, sentimos y nos comportamos.

Cuando evitamos la mirada

Hay momentos en los que mantener el contacto visual se vuelve difícil. Esto ocurre, por ejemplo, cuando estamos bajo estrés o rumiando pensamientos constantemente (una hiperactividad de la red neuronal por defecto). La amígdala y el hipocampo, implicados en la regulación emocional y la memoria, también influyen en el movimiento ocular. Por eso en una discusión, cuando las emociones están a flor de piel, es común que desviemos la mirada. Una activación moderada de la amígdala nos mantiene atentos al otro, pero si se activa en exceso, dificulta esa conexión y la sincronía cerebral se rompe.

La expresión facial

El rostro es una poderosa vía de comunicación emocional. No solo transmitimos lo que sentimos con las palabras, sino también —y muchas veces de forma más clara— a través de nuestras expresiones faciales. Estas son esenciales para conectar con los demás y compartir estados emocionales. Por ejemplo, cuando se activa la amígdala (una estructura cerebral clave en la respuesta emocional), es habitual que se tensen ciertos músculos de la cara, como los del entrecejo. Esta contracción refleja que estamos en alerta o bajo estrés.

Lo interesante es que el proceso también funciona al revés: cuando relajamos conscientemente la musculatura facial —en especial la zona de los ojos, el entrecejo y la mandíbula— estamos enviando una señal de seguridad al cerebro. Esa señal favorece la activación del nervio vago, lo que ayuda a calmar el sistema nervioso y nos permite sentir mayor serenidad. Relajar la cara puede ser una vía directa para relajar la mente.

El poder del contacto físico

El contacto físico es una de las formas más potentes de conexión interpersonal. Al tocar o ser tocados con afecto, se libera la oxitocina, que favorece la sensación de cercanía, confianza y bienestar. Pero el efecto va más allá: también ayuda a sincronizar ritmos biológicos como la respiración y los latidos del corazón.

Esto se ha comprobado en investigaciones como las del neurocientífico Pavel Goldstein. En uno de sus estudios, descubrieron que cuando una persona sostiene la mano de otra para consolarla en un momento de dolor, sus cuerpos se sincronizan: los corazones laten al mismo ritmo, la respiración se armoniza e incluso se reduce la percepción del dolor.

En estudios posteriores, el mismo equipo demostró que también se produce una sincronización cerebral. Las ondas cerebrales de ambas personas se alinean, especialmente cuando existe un vínculo emocional profundo entre ellas. Esta afinidad parece activar los circuitos de recompensa del cerebro, lo que contribuye a disminuir la sensación de dolor físico.

> En definitiva, el contacto empático, cargado de intención afectiva, tiene efectos reales y medibles sobre el cuerpo y la mente. Nos hace sentir vistos, comprendidos y acompañados. Y eso, en términos neuronales, es sinónimo de alivio, bienestar y conexión.

La sonrisa y la risa como herramientas sociales

La sonrisa es una de las expresiones humanas más poderosas para generar conexión. Reír con alguien no solo mejora el vínculo emocional, sino que también tiene efectos beneficiosos en el cerebro y el cuerpo. Cuando compartimos una risa auténtica, liberamos opioides endógenos como las endorfinas, que son sustancias naturales que generan placer, alivian el dolor y fomentan un estado de bienestar general.

Además, la risa compartida crea un terreno emocional común, rompe tensiones, favorece la confianza mutua y mejora la cooperación. Por eso, una recomendación sencilla pero muy potente es buscar oportunidades para reír con los demás. No hace falta forzar chistes ni exagerar situaciones: muchas veces basta con estar presentes y abiertos a disfrutar de los pequeños momentos que nos permiten soltar una carcajada conjunta.

La risa es, en esencia, una forma de comunicación no verbal que dice: «Estoy contigo, me siento bien contigo, y confío en ti». Y eso, para nuestro cerebro social, es uno de los mensajes más valiosos que podemos transmitir.

La respiración tranquila también conecta

Cuando respiramos de forma lenta y profunda no solo nos calmamos a nivel individual, también favorecemos una mejor conexión con quienes nos rodean. Se ha visto que el ritmo de nuestra respiración y el de nuestro corazón puede sincronizarse con el de otra persona, especialmente cuando hay contacto visual, físico o incluso olfativo. Esta sincronización es aún más marcada cuando respiramos de forma serena y pausada.

La investigadora Ruth Feldman ha demostrado que, en la interacción madre-hijo, se produce una impresionante coordinación biológica: las ondas cerebrales se alinean, los corazones laten al mismo ritmo y ambos liberan oxitocina de forma sincronizada. Esto sucede a través de miradas, caricias, sonidos, y se potencia cuando la madre respira en un ritmo cercano a las seis respiraciones por minuto. Es como si sus cuerpos se fundieran temporalmente en un mismo estado fisiológico y emocional.

> Esta conexión no desaparece con la infancia. De hecho, los estudios muestran que la sincronización fisiológica entre madre e hijo se mantiene a lo largo del tiempo, alcanzando un nuevo pico durante la adolescencia.

Lo fascinante (aunque quizá un poco abrumador) es que también podemos contagiar nuestro estrés. Si estamos alterados, con el corazón acelerado o altos niveles de cortisol, esa activación puede transmitirse a quienes están cerca de nosotros. Del mismo modo, si estamos tranquilos, respiramos con calma y tenemos una buena variabilidad en la frecuencia cardiaca (VFC), también podemos transmitir esa regulación.

La conexión es tan rápida que se ha observado que la sincronización entre dos corazones puede producirse en menos de un segundo. Esta influencia recíproca nos recuerda el enorme impacto que tenemos en los demás, y ellos en nosotros.

Algunas teorías incluso apuntan a que esas *vibraciones* que sentimos cuando alguien nos da «buena energía» o nos transmite calma podrían tener su origen en esta interacción fisiológica sutil, tal vez ligada a las ondas electromagnéticas de nuestros corazones. Aunque este campo aún se encuentra en exploración científica, lo que ya sabemos es suficiente para darnos cuenta de la importancia de nuestra presencia emocional y fisiológica en las relaciones.

La postura corporal también comunica

La forma en la que colocamos nuestro cuerpo dice mucho de cómo nos sentimos. Nuestra postura no solo refleja nuestro estado emocional, también influye en cómo nos relacionamos con los demás. Por eso, una de las vías más eficaces para desarrollar la empatía es empezar por observar nuestra propia postura. Ser conscientes de cómo estamos colocados en el espacio (propiocepción) puede ayudarnos a leer mejor el lenguaje corporal del otro. A esto se suma la interocepción: la capacidad de notar las señales internas de nuestro cuerpo. Reconocer dónde y cómo se manifiestan nuestras emociones en el cuerpo nos ayuda a comprendernos mejor, autorregularnos y conectar desde un lugar más auténtico.

El lenguaje verbal importa (mucho)

Aunque el lenguaje no verbal tiene un gran peso, las palabras que utilizamos también dejan huella. Insultos, comentarios irónicos, juicios o halagos no solo afectan al otro emocionalmente, sino que activan diferentes redes en el cerebro, con lo que se modifica la manera en que procesamos la información. Se ha visto, por ejemplo, que los elogios ponen en marcha el sistema de recompensa y pueden facilitar la comprensión y la atención.

> Las palabras no son neutras. Elegir cómo hablamos —y desde dónde hablamos— puede cambiar por completo la calidad de nuestras interacciones.

MÁS IDEAS PARA MEJORAR NUESTRAS RELACIONES

Algunas recomendaciones prácticas, extraídas del estudio de Harvard y otros trabajos recientes:

- Cultiva amistades en el entorno laboral. Las personas que tienen vínculos cercanos con sus compañeros de trabajo no solo disfrutan más de su jornada, también reportan niveles más altos de bienestar general. Tener a alguien con quien compartir, reír o desahogarse durante el día marca la diferencia.
- No subestimes las relaciones casuales. Una breve conversación con quien te sirve el café, con otra madre en la puerta del colegio o con un vecino en el ascensor también suma. Estas microinteracciones pueden mejorar el estado de ánimo, reforzar el sentido de pertenencia y reducir el estrés. En un estudio dirigido por el sociólogo Mark Granovetter, se observó que las personas que charlaban brevemente con un camarero al pedir su café reportaban mayor satisfacción y bienestar que quienes solo lo pedían de forma directa y funcional.
- Leer ficción puede ayudarnos a conectar. Curiosamente, sumergirse en novelas también puede fortalecer nuestra capacidad de empatizar. La lectura activa regiones cerebrales vinculadas con la

Teoría de la Mente, lo que nos permite imaginar lo que otros piensan y sienten. Leer sobre otros mundos y personajes nos entrena, sin darnos cuenta, en el arte de conectar.

Las relaciones, al final, son un pilar de nuestra salud y bienestar..., pero ¿qué opinas tú, Ferran?, ¿qué estrategias te ayudan en tu vida para tener relaciones de calidad?

Para tener relaciones de calidad, lo primero es estar presente de verdad: móvil boca abajo, escuchar sin pasar la lista de la compra y mirar a la persona como si no hubiera prisa. También ayuda ser honesto, incluso cuando incomoda, y saber pedir perdón sin añadir un «pero». También cuidar los pequeños gestos: un mensaje inesperado, un café improvisado, recordar un detalle importante. Y no dar por sentada la relación. Como una planta, conviene regarla antes de que tenga sed: atención y cariño preventivos. Si además colamos una risa de vez en cuando, mejor: el humor es un pegamento emocional casi infalible.

CAPÍTULO VII

Sexto neuropoder. Torbellino de perdón y gracias

El del acta notarial del perdón

Dicen que hay que ser agradecidos y saber pedir perdón. Suena fácil, pero en realidad esas dos palabras son como el yoga: parecen sencillas hasta que intentas hacerlas bien... y terminas lesionado.

El agradecimiento muchas veces lo usamos en modo automático: «Gracias, igualmente, igualmente». Es como poner emoticonos de manos rezando en WhatsApp: rápido, educado, pero sin alma.

Y pedir perdón... uf. En teoría es un acto noble, en la práctica siempre lo enredamos: «Perdón..., pero empezaste tú». Eso no es pedir perdón, eso es pedir revancha.

Yo lo descubrí en el trabajo. Llegué tarde a una reunión importante. Muy tarde. Cuando entré, todos me miraban con cara de «este tío es un irresponsable». Pensé: «Voy a pedir perdón con humildad». Así que abrí la boca y dije: «Perdón por el retraso, había mucho tráfico». Error de principiante: pedir perdón con una excusa no es pedir perdón, sino dar una coartada. Y claro, siempre hay alguien que dice: «Pues yo vine por la misma calle y no había tráfico». *Game over*.

Con el agradecimiento me pasó algo parecido en una mudanza con amigos. Uno de ellos trajo una furgoneta y se pasó todo el día cargando cajas. Yo, emocionado, le dije: «Gracias, de verdad, te debo una». Grave error. Desde entonces me lo recuerda cada vez que necesita algo: «¿Te acuerdas de que me debías una? Pues ahora necesito que me ayudes a montar un armario de Ikea». Ese «gracias» fue el peor crédito de mi vida: intereses altísimos y pago en sudor.

Y creo que esa es la gracia del agradecimiento y el perdón: que parecen palabras pequeñas, pero dan pie a contratos gigantes. Si dices «gracias», te endeudas. Si dices «perdón», firmas un acta notarial. Por eso ahora las uso con cuidado…, aunque al final, para sobrevivir, la mejor fórmula es sencilla: «Gracias por perdonarme». Con eso, ya quedas cubierto para todo.

Torbellino de perdón y gracias

Una amiga muy especial me dijo una vez que, para reparar un conflicto y estar en paz con alguien, hay tres frases que conviene decir: *perdóname, te quiero y gracias*.

Del «te quiero» ya hablamos en el capítulo anterior. Expresar amor y empatía hacia las personas que queremos es, sin duda, una de las mejores formas de mejorar nuestro bienestar emocional y mental. Pero hoy quiero detenerme en las otras dos frases: perdón y gracias. Dos palabras poderosas que, más allá de fortalecer nuestras relaciones, pueden transformar también la relación que tenemos con nosotros mismos.

Antes de adentrarnos en lo que ocurre en el cerebro cuando perdonamos o agradecemos, quiero hacerte unas preguntas para que conectes con tu experiencia personal, y, Ferran, a ver qué me dices:

¿Qué es para ti el perdón?

Ya sabía yo antes de empezar que este libro me serviría para hacer terapia. Espero, querido lector, que te esté sucediendo lo mismo que a mí. En fin, voy a responderte, Sara, de la mejor manera que pueda y desde mi experiencia.

Para mí, el perdón no es olvidar ni hacer como si nada hubiera pasado. Es más bien dejar de cargar con una mochila llena de piedras que no me corresponde. El rencor pesa mucho, ocupa espacio y, lo peor, te acompaña a todas partes, aunque no lo invites.

Perdonar es aceptar que el daño existió, que dolió, y decidir que no vas a dejar que te siga definiendo. A veces es más un regalo para uno mismo que para el otro. Y no siempre significa reconciliarse: hay personas a las que puedes perdonar… y seguir saludando solo con la barbilla desde la otra acera.

En mi caso, el perdón me sirve para recuperar la calma, para no quedarme atrapado en el pasado como un disco rayado. Porque si algo he aprendido es que no perdonar no castiga al otro, sino a ti mismo…, y bastante trabajo tengo ya como para encima ser mi propio verdugo.

Cuando te enfadas con alguien, ¿qué emoción aparece antes de perdonar y qué emoción queda en ti después? ¿Cómo te sientes cuando perdonas a alguien o cuando te perdonas a ti mismo por algo que has hecho o dicho?

Cuando me enfado con alguien, lo primero que aparece antes de perdonar suele ser la rabia mezclada con una pizca de orgullo herido. Es esa sensación de «¿cómo ha podido hacerlo?», que, si la dejas demasiado tiempo, empieza a fermentar en resentimiento.

Después de perdonar, la emoción cambia: lo que queda es una especie de alivio, como si te quitaras una chaqueta demasiado apretada en pleno agosto. No es que el calor desaparezca, pero respiras mejor.

Cuando perdono me siento más ligero, menos atrapado en el bucle del «y si…» o del «tenía que haber dicho…». Cuando me perdono a mí mismo, la sensación es todavía más fuerte: es como volver a empezar la partida sin cargar con todos los errores anteriores. No desaparecen, pero dejan de ser cadenas y se convierten en lecciones.

Perdonar —ya sea a otro o a uno mismo— me hace sentir más libre. Y, sinceramente, con lo complicado que está todo, no me apetece regalarle mi energía al rencor.

Lo primero que quiero dejar claro es que perdonar no es olvidar lo que ocurrió, ni justificar el daño ni minimizar lo que pasó. A veces puede incluir eso, sí, pero no es necesario para que haya perdón. Como bien dice Ferran, perdonar es, ante todo, liberarse. Soltamos la carga emocional que arrastramos: el rencor, la ira, la tristeza, el resentimiento. Dejamos de revivir mentalmente lo ocurrido y permitimos abrir espacio para algo nuevo. Soltamos el pasado para dejar de estar condicionados por él, y desde ahí, podemos mirar hacia delante, hacia un futuro en el que quepan la calma, el alivio, el bienestar.

También implica conectar con algo profundo: la *humanidad compartida*. Entender que todos erramos. Que nadie es perfecto. Que, incluso con las mejores intenciones, a veces herimos. Y que estar en relación con alguien —querer, convivir, compartir— implica necesariamente una dosis de vulnerabilidad.

En toda relación, incluso las más sanas, van a surgir malentendidos, momentos de dolor, diferencias, heridas. Nuestro cerebro es complejo, emocional y reactivo, y más aún cuando está bajo estrés. Y eso lo hace todo más frágil. Las relaciones pueden traernos los momentos más felices... y también los más dolorosos.

> Lo importante es que existe algo precioso: la posibilidad de reparar. A veces, con solo un «lo siento», se puede reestablecer el lazo.

Otras veces hace falta algo más de tiempo o de trabajo interior. Pero lo que está claro es que sin perdón, no hay vínculo que resista. Ferran, te lo pregunto directamente: ¿a ti te cuesta perdonar? ¿Sientes que hay cosas en tu vida que todavía no has podido perdonar del todo?

Sí, me cuesta perdonar. Hay cosas pequeñas que se perdonan casi solas, y otras que exigen una excavación interior, como mover una piedra enorme del camino.

También depende de la persona: a algunas las perdono casi sin querer porque pesa más lo compartido; con otras me cuesta mucho más, quizá por la falta de un vínculo que amortigüe el golpe.

En mi vida hay asuntos aún no del todo perdonados: algunos de la infancia, otros recientes, propios y ajenos, que vuelven de vez en cuando. No me obsesiono, pero tampoco finjo que no existen.

Para mí el perdón no es un interruptor, sino un proceso lento e irregular. Lo importante es no quedarse atascado en la misma página.

Cierto, tal y como le pasa a Ferran, aunque el perdón suena bien en teoría, llevarlo a la práctica puede ser difícil. Hay veces en las que duele tanto que preferimos postergarlo, evitarlo o incluso negarlo; sentimos que, si perdonamos, perdemos, que ceder es mostrarse débil. Pero si lo piensas bien... ¿quién carga con ese resentimiento? ¿Quién se está comiendo esa emoción negativa cada día: tú o el otro? Muchas veces, la otra persona ni siquiera sabe lo que estamos sintiendo.

Tuve una amiga que estuvo enfadada conmigo durante casi un año. No me dijo nada. Simplemente empezó a verme menos, a poner excusas cada vez que intentábamos quedar. Yo lo aceptaba con respeto, pensaba que estaba realmente ocupada. Me dolía no verla tanto, claro, pero lo cierto es que ella fue quien cargó con todo el resentimiento ese tiempo, en silencio.

El Dr. Fred Luskin, uno de los grandes referentes en el estudio del perdón, dice que perdonar es estar en paz con lo que no pudimos tener. Con esa necesidad no satisfecha. Con esa expectativa no cumplida.

Pongamos un ejemplo: imagina que una persona necesita recibir afecto, un abrazo, una señal de cariño, y no la recibe del otro. ¿Qué pasa? Se activa el dolor. La frustración. La herida. Y con frecuencia, en lugar de expresarlo, nos lo guardamos y nos alejamos. Perdonar sería poder estar en paz con ese gesto que no llegó. Entender que el otro no siempre puede darnos lo que necesitamos y que, muchas veces, ni siquiera nosotros sabemos bien lo que necesitamos hasta que no lo nombramos.

Aceptar esto es fundamental porque perdonar no es pretender que no hubo daño, sino asumir que en toda relación real hay margen para equivocarse, para herir, y también para reparar. Incluso si el otro no cambia, incluso si no hay reconciliación, el perdón puede darse igualmente como un acto íntimo, personal, liberador. Algo que hacemos por nosotros mismos, no por el otro.

En muchas ocasiones las heridas que más cuesta perdonar vienen de la infancia. Y eso es natural. Son heridas que tocan lugares profundos y siguen vivas dentro de nosotros sin darnos cuenta.

> Por eso el primer paso a veces no es perdonar de inmediato, sino simplemente abrirse a la posibilidad de que quizá, algún día, podríamos perdonar. Sin prisa. Sin forzar. Solo abrir esa pequeña puerta.

Imagina que tuviste una infancia difícil. Tus padres a lo mejor no supieron darte lo que necesitabas. No hace falta justificarlos ni borrarlo todo. Pero quizá sí puedas empezar por plantar la semilla del perdón: «Quizá, algún día, podría empezar a soltar esto».

El perdón es una habilidad, y como cualquier habilidad cerebral, se puede entrenar. Como bien dice Ferran, es un proceso, es decir, no sucede de un día para otro, pero una vez empezamos ese camino, incluso con pasos pequeños, vamos notando cómo la carga emocional disminuye, cómo respiramos un poco más libres.

Otras veces, no son las heridas del pasado las que más nos duelen, sino algo más reciente: una discusión con alguien cercano, un malentendido en el trabajo, una palabra dicha sin pensar… O incluso una herida que nos hicimos a nosotros mismos.

Porque el perdón puede ir en tres direcciones:

- Hacia quien nos hizo daño.
- Hacia quien herimos.
- Hacia nosotros mismos.

Y cualquiera de esos caminos existe con el mismo objetivo: soltar. Dejar de cargar. Sanar.

En este capítulo, vamos a explorar cómo hacer ese camino, qué herramientas pueden ayudarnos y qué pasa en nuestro cerebro cuando decidimos perdonar.

La neurociencia del perdón

Cuando perdonamos, en nuestro cerebro se activan áreas vinculadas a la empatía, la regulación emocional y el procesamiento de conflictos. Entre ellas encontramos regiones que ya te sonarán: la amígdala, la corteza prefrontal (CPF), la corteza cingulada anterior (CCA), la ínsula, el hipocampo y el circuito de recompensa, en especial el estriado ventral. Y si pensamos un poco en el proceso que implica perdonar, podemos intuir por qué todas estas zonas entran en juego.

La amígdala, como ya sabes, está implicada en emociones intensas como el miedo, la ira o el resentimiento. Basta con recordar un daño que hemos sufrido (o que hemos causado) para que esta región se active. El cerebro, como también hemos comentado, no distingue lo real de lo imaginado. Por eso, rememorar lo que ocurrió o incluso ver una escena parecida en una película o escuchar una canción asociada al suceso puede reactivar ese malestar. Lo mismo pasa con los pensamientos que arrastramos desde ese evento o con nuestras reacciones automáticas cuando *habla la herida*.

> El perdón tiene un efecto regulador sobre la amígdala: reduce su actividad, calma su reactividad. Esto se traduce en un cuerpo menos tenso, menos en alerta, más dispuesto a la calma y al bienestar.

También participa el hipocampo, la región que almacena recuerdos y nos ayuda a aprender del pasado. Cuando interpretamos lo que nos ocurrió, lo hacemos con las *gafas* que nos dio nuestra historia: lo vivido, lo aprendido, lo creído. Gran parte de estas creencias fueron gestadas en la infancia y muchas veces nunca fueron cuestionadas por nuestra CPF. Por eso, perdonar requiere con frecuencia un ejercicio de reinterpretación del pasado, una relectura. Una forma nueva de contar lo que pasó desde un lugar más consciente y menos reactivo.

Y aquí es donde la CPF juega un papel esencial. Es la parte *racional* del cerebro, la que nos ayuda a reflexionar, planificar, tomar decisiones, gestionar emociones, resolver conflictos... Cuanto más activa y desarrollada tengamos esta región, más fácil nos será ver los conflictos desde una mirada más objetiva y menos condicionada por nuestras heridas. Es también la zona que nos permite conectar con el concepto de humanidad compartida, ya sabes, aceptar que todos erramos, que todos fallamos, que equivocarse forma parte de ser humano.

Esta capacidad de la CPF para frenar el piloto automático y ofrecernos nuevas formas de responder —en lugar de reaccionar como siempre— es clave para transformar el dolor en crecimiento.

Y aquí, Ferran, no sé si te has fijado, perdonar muchas veces requiere un esfuerzo deliberado, una voluntad consciente de dejar ir el rencor. Esta región cerebral se activa cuando nos comprometemos con ese esfuerzo. Es un músculo que se entrena con práctica y atención.

Pero claro, antes de soltar el dolor, tenemos que ver qué nos duele. Observarlo. Sentirlo. Darle espacio. No se puede perdonar lo que no se ha reconocido. Por eso perdonar no es liberar al otro de culpa ni justificar lo que ocurrió. Es liberarnos a nosotros del peso emocional, mental y físico que cargamos desde que sucedió.

> Cuando odiamos, cuando estamos llenos de resentimiento, entregamos nuestra mente al otro. Vivimos atrapados en la fisiología de la lucha, huida o congelamiento.

Se ha visto que emociones como la ira y el rencor elevan los niveles de cortisol y que la tristeza se relaciona con bajos niveles de serotonina. Así que sí, es normal sentirnos heridos o víctimas en momentos concretos, pero lo que nos daña es quedarnos atrapados ahí. El estrés momentáneo no es el problema; lo peligroso es cuando se cronifica.

Aquí entran en escena la CCA y la ínsula, que ya conoces bien. La CCA es como un radar que detecta errores: percibe cuando algo no está como *debería estar* y nos impulsa a resolverlo. La ínsula, por su parte, nos informa de la intensidad emocional del conflicto, nos conecta con lo que sentimos, con las sensaciones de nuestro cuerpo. Ambas son esenciales para tomar conciencia del dolor emocional, en este caso, para saber qué nos duele y cuánto. Y también son cruciales cuando hablamos de empatía y compasión, tanto hacia nosotros mismos como hacia los demás.

La ínsula y la CPF (en concreto, la parte media) también tienen un rol protagonista en la autorreflexión y en la construcción de nuestra identidad. Perdonar, en este sentido, es un acto profundamente personal: es preguntarse qué necesito, qué siento, qué deseo en lo profundo de mi ser.

Lo más bonito de todo esto es que cuando perdonamos, también cambia nuestra fisiología. Al perdonar activamos el circuito de recompensa del cerebro, se libera dopamina, endorfinas y oxitocina, y todo nuestro cuerpo entra en un estado de mayor bienestar.

Probablemente sea esta neuroquímica del perdón la que nos hace sentir esa paz y ese alivio cuando soltamos lo que nos dolía. Incluso hay investigadores que creen que al mejorar nuestro estado de ánimo se eleva también la serotonina, con lo que se mejora el descanso, el apetito, el humor. Y como la oxitocina favorece los vínculos, en muchos casos perdonar nos ayuda a reconectar con la persona que nos hirió, fortaleciendo relaciones más auténticas y sanas. Pero, sobre todo, reconectamos con nosotros mismos.

Aquí viene un punto que me parece especialmente potente: perdonar es recablear el cerebro. Es hacer uso de la plasticidad neuronal para crear nuevas conexiones, dejar atrás patrones mentales antiguos y dar espacio a pensamientos más libres, más compasivos, más empoderados.

Si seguimos rumiando lo que nos hicieron, si no paramos de revivir ese suceso, de darle vueltas, esas conexiones neuronales se fortalecen. Cuanto más pensemos en ello, más se afianza en nuestra memoria y más difícil será salir de ese bucle de pensamiento-emoción-conducta.

Por eso perdonar es también una elección consciente de interrumpir ese ciclo, de crear una narrativa diferente, más amable con nosotros, más sanadora.

Beneficios del perdón según la ciencia

El perdón es un tema cada vez más explorado en el ámbito de la psicología y la neurociencia. Para que te hagas una idea, en el año 2000 apenas existían un centenar de estudios publicados sobre este tema. Hoy, en 2026, si buscas la palabra *forgiveness* en Google Scholar, aparecen más de un millón de publicaciones. La ciencia se ha rendido ante el impacto tan profundo que tiene este acto, aparentemente tan simple, en nuestro bienestar físico, mental y emocional.

Y es que perdonar tiene una larga lista de beneficios. En primer lugar, nos libera de la neurofisiología del estrés: de la ira, del resentimiento, del dolor emocional sostenido, que tienen un impacto directo sobre nuestra salud. No se trata solo de *sentirse mejor*, sino de sanar en un nivel profundo, donde cuerpo y mente están profundamente conectados.

Se ha comprobado que las personas que practican el perdón tienden a ser más resilientes y reportan menos niveles de estrés, ansiedad y depresión. Suelen ser más felices, con mejor estado de ánimo general y con menos probabilidades de desarrollar enfermedades físicas.

Los estudios también muestran datos muy concretos: perdonar reduce la presión arterial, disminuye los niveles de hormonas del estrés como el cortisol, mejora la calidad del sueño y fortalece el sistema inmunológico. Todo esto genera un entorno fisiológico mucho más saludable, en el que el cuerpo puede regenerarse y funcionar de forma más eficiente.

Uno de los referentes más importantes en esta área, el Dr. Fred Luskin (ya lo mencionamos antes), ha demostrado que practicar el perdón disminuye significativamente los niveles de rabia, reduce el estrés crónico y aumenta el optimismo y la sensación de bienestar general.

Un estudio especialmente bonito publicado en la revista *Psychology and Health* concluye cómo, tras solo diez semanas de entrenamiento específico en perdón, se mejoró notablemente el funcionamiento cardiaco de los participantes. Este efecto fue más significativo incluso que en otro grupo que durante esas mismas diez semanas acudió a terapia tradicional. Perdonar puede convertirse, literalmente, en un bálsamo para el corazón, tanto en sentido figurado como real.

Otros estudios han detectado también efectos positivos en personas con fibromialgia o dolor crónico; demuestran una reducción en los síntomas cuando se trabaja activamente el perdón.

Y si todo esto fuera poco, algunas investigaciones sugieren que las personas que perdonan viven más años. Sí, literalmente: perdonar puede alargar la vida.

Con todos estos datos sobre la mesa, no queda duda:

> El perdón es una de las herramientas más poderosas que tenemos a nuestra disposición. No solo transforma nuestras relaciones, sino que también transforma nuestra salud y nuestra vida entera.

Pasos que dar hacia el perdón

A veces, el perdón parece llegar de forma espontánea, como si algo dentro de nosotros simplemente hiciera clic. Pero en muchos casos, no es así. Perdonar puede ser un verdadero viaje, un proceso profundo que requiere conciencia, compromiso y un trabajo personal nada sencillo.

Si tú también lo has vivido así, si sientes que el perdón no ha sido para ti un solo acto, sino una serie de pasos dados poco a poco, con altibajos, te lanzo esta pregunta, Ferran, antes de ponerme a dar posibles soluciones: ¿qué pasos sigues tú para perdonar? ¿Cómo es tu proceso hacia el perdón?

A veces parece que perdonar nace de forma espontánea, como una chispa, pero en mi caso casi nunca es así. Para mí el perdón es un viaje, no un interruptor. Primero necesito reconocer que me han hecho daño y permitir que duela; si lo intento tapar demasiado rápido, el malestar se queda enterrado y vuelve más tarde, con intereses.

Después llega la fase de poner en contexto: preguntarme qué había detrás de lo que ocurrió, no para justificarlo, sino para comprender que la otra persona también tiene sus limitaciones. Luego viene soltar: decidir que no quiero que ese episodio me siga definiendo ni condicionando. Y, por último, el paso más difícil, que es perdonarme a mí mismo por haberme quedado enganchado tanto tiempo a la herida.

Mi proceso hacia el perdón no siempre es lineal, a veces avanzo y retrocedo, pero lo importante es que, poco a poco, el peso se reduce.

Perdonar no es simplemente *dejar ir*. A veces, implica un esfuerzo muy profundo a nivel cognitivo y emocional: reinterpretar lo vivido, comprender al otro (y a uno mismo), sanar la herida y, desde ahí, avanzar. Perdonar es aceptar que hemos sufrido, que fuimos heridos, pero también es decidir que ese dolor no determinará el resto de nuestra vida.

El Dr. Cristian Duarte, en su libro *El viaje del perdón: 10 claves neurocientíficas y holísticas para alcanzar el perdón y sanar tu vida*, expone tres pasos clave para alcanzar esta compleja, y a veces esquiva, emoción. Son estos:

Paso 1: Sentir el dolor

El primer paso es reconocer lo que ocurrió, darle un espacio mental y emocional a lo que sucedió. Poder decirse a uno mismo: «Esto me dolió. Esto me está haciendo daño». Permitirse sentir ese dolor (que no significa regodearse en el sufrimiento).

Como dice el psiquiatra e investigador Bessel van der Kolk, autor del best seller *El cuerpo lleva la cuenta*, muchos de los traumas y heridas emocionales del pasado no son más que dolores o emociones intensas que nunca fueron procesados. Son fragmentos de experiencias que se quedaron atascados en el cuerpo y la mente, esperando ser reconocidos y liberados.

Por eso, sentir y expresar lo que nos duele no es una debilidad, sino una necesidad fisiológica. Si no lo hacemos, esas emociones estancadas se acumulan en forma de tensiones, patrones de pensamiento repetitivos o incluso síntomas físicos.

Paso 2: Comprender y empatizar

El segundo paso tiene que ver con la apertura: estar dispuesto a comprender al otro, a ponerse en su lugar, a mirar sus acciones desde una mirada más empática y compasiva.

Aquí entramos en un terreno delicado. No siempre resulta fácil empatizar con quien nos hizo daño. En este proceso es importante recordar algo: una cosa son los actos de una persona y otra muy distinta es su ser. Ojalá podamos separar ambas cosas y mirar al otro desde una perspectiva renovada.

Y a veces, lo que más cuesta no es perdonar al otro, sino perdonarnos a nosotros mismos. Hay quien considera que este es el paso más difícil de todos.

Este tipo de perdón requiere mucha autocompasión. La veremos más a fondo en el siguiente capítulo, pero te adelanto algo que puede ayudarte a empezar. Nuestro sistema nervioso y nuestro cerebro siempre actuaron de la mejor manera posible con los recursos que tenían en ese momento. Especialmente en la infancia, cuando fuimos heridos, desarrollamos estrategias para sobrevivir, para protegernos. Aunque esas estrategias hoy no nos sirvan y nos lleven a lugares oscuros, fueron útiles en su momento. No te castigues por ellas.

Paso 3: Integrar sin olvidar

El tercer paso es comprender que perdonar no es olvidar. Nuestro cerebro no está diseñado para olvidar, especialmente cuando se trata de experiencias emocionalmente intensas. Como ya sabes, por pura plasticidad neuronal, las experiencias marcadas por dolor o intensidad emocional quedan muy bien registradas.

Pero, aunque no podamos borrar el recuerdo, sí podemos integrarlo de otra manera. El perdón no niega lo que pasó. Al contrario, lo reconoce, lo nombra y lo integra en nuestra biografía con una nueva mirada. Ya no desde el dolor, sino desde el aprendizaje. Ya no desde el resentimiento, sino desde la liberación. Podemos, poco a poco, reemplazar el dolor con amor, con compasión, con nuevas creencias que nos empoderen. Esto es, dejar de identificarnos con el rol de víctima y empezar a vernos como alguien que ha transformado su herida en sabiduría.

> Reinterpretar lo que ocurrió, abrirnos a una comprensión más amplia de la historia, es lo que a veces permite que nuestras memorias se transformen, se consoliden de manera diferente.

Por eso técnicas como el *role playing* o las constelaciones familiares pueden tener un efecto tan profundo: nos dan una nueva narrativa emocional que libera y reconstruye.

Estrategias que facilitan el perdón

- Practicar la respiración consciente o la meditación puede facilitar el perdón porque relaja la amígdala y activa la corteza prefrontal (CPF), lo que favorece una mejor conexión entre ambas. Justamente estas son las áreas cerebrales implicadas en la regulación emocional y el procesamiento del perdón. Los meditadores expertos, por ejemplo, presentan mayor grosor de materia gris en la CPF, mejor toma de decisiones y más facilidad para perdonar.

Existen muchas formas de meditar. Si tu intención es cultivar la empatía y la compasión (claves en el perdón), prueba con meditaciones guiadas centradas en la compasión o tipo *metta* (de amor bondadoso). También las visualizaciones —ponerse mentalmente en el lugar del otro— pueden ser muy útiles para desarrollar compasión.

En plataformas como Insight Timer, Petit Bambú, YouTube o Spotify, encuentras meditaciones gratuitas. Algunos recursos recomendados incluyen a Gonzalo Brito o Candida Vivalda, que personalmente me encantan.

- La espiritualidad puede ser una gran aliada para trascender el dolor y encontrar sentido a lo vivido. Nos ayuda a conectar con nosotros mismos, con los demás y con una visión más amplia de la realidad. Esa conexión puede darse a través de prácticas como meditar, estar en contacto con la naturaleza o simplemente permanecer en silencio contemplativo. Cada persona encuentra su manera.

Otras estrategias útiles incluyen:

- Terapia o escritura reflexiva, como llevar un diario o escribir una carta de perdón (sin necesidad de enviarla). Estas prácticas activan la CPF y ayudan a procesar lo vivido desde una nueva perspectiva.
- Expresión emocional, a través del arte, la palabra o incluso actividades físicas.
- Movimiento corporal consciente, como el yoga, la danza terapéutica, el masaje o el teatro, que pueden liberar emociones retenidas y mejorar la percepción interna del cuerpo, aumentando la comprensión emocional y la empatía.
- Ejercicio físico aeróbico, que fomenta la plasticidad cerebral, la neurogénesis en el hipocampo y la liberación de neurotransmisores del bienestar, como las endorfinas, que favorecen el estado de ánimo y abren la mente al cambio.

¿Qué otras estrategias o herramientas aconsejarías tú, Ferran, para ayudar a una persona que le cuesta perdonar?

Si a alguien le cuesta perdonar, lo primero que aconsejaría es no forzarlo. El perdón no llega por decreto, como las multas de tráfico. Llega cuando uno está preparado.

Dicho esto, hay algunas herramientas que ayudan. La primera: tomar distancia. Cuando estás en medio de la tormenta, solo ves rayos; con perspectiva, empiezas a distinguir el cielo detrás. La segunda: intentar entender qué había tras el acto de la otra persona. No para justificarlo, sino para ponerlo en un contexto humano. A veces descubrir que el otro también es torpe, frágil o miedoso ya cambia el peso de lo ocurrido.

Otra estrategia es escribir lo que sientes, aunque luego lo rompas. Sirve para sacar el veneno sin lanzárselo a nadie a la cara. Y, sobre todo, aprender a perdonarse a uno mismo: suele ser el ensayo general más difícil, pero también el más liberador.

Al final, el perdón no es un regalo para el otro, sino una forma de viajar más ligero. Y, créeme, la vida ya trae bastante equipaje como para cargar con maletas extra.

Agradecimiento y cerebro

Muchas veces pensamos que agradecer es simplemente decir «gracias», pero, en realidad, el agradecimiento va mucho más allá. Tiene que ver con conectar con la abundancia, con una actitud de apertura y confianza hacia los demás y hacia lo que nos rodea.

Ferran, ¿qué te aporta a ti sentir agradecimiento en tu vida?

Sentir agradecimiento me da perspectiva: es como girar la cámara y ver que, pese a los problemas, hay muchas cosas que funcionan. Me obliga a frenar y mirar lo que ya está y merece la pena, no solo lo que falta.

También me conecta con los demás. Cuando lo expresas, el otro recibe algo valioso y la energía se contagia: una forma sencilla de crear vínculos más profundos sin discursos.

En lo personal, me baja el volumen de la queja. Me recuerda que no todo depende de mí y que, aunque el mundo sea caótico, siguen existiendo motivos para sonreír. Y esa sensación, por pequeña que sea, cambia el color del día.

¿Cómo son las personas agradecidas?

La gratitud es sin duda uno de los grandes neuropoderes. Tiene un fuerte respaldo científico: las personas agradecidas tienden a ser más felices, optimistas, resilientes, y gestionan mejor el estrés. Son también más compasivas, generosas y conectan con los demás de forma más profunda. Para ellas, dar es una recompensa en sí misma.

Por supuesto, también sienten emociones negativas, pero su foco está más en lo positivo. Suelen ver las situaciones con perspectiva, lo que les permite relativizar, rumiar menos, dormir mejor y llevar hábitos de vida más saludables.

Ahora surge la clásica pregunta: ¿son felices porque son agradecidos o son agradecidos porque son felices? La ciencia ha demostrado que sí existe una relación causal: cultivar la gratitud puede aumentar los niveles de bienestar emocional.

Gratitud y el cuerpo

Agradecer no solo tiene beneficios emocionales, también mejora el cuerpo. Por ejemplo, se ha observado que las personas agradecidas tienen mayor variabilidad de la frecuencia cardiaca (VFC), lo que indica un mejor tono vagal, o sea, su sistema nervioso cambia con más facilidad entre el estado de activación y el de relajación. Es decir, son más flexibles emocional y fisiológicamente.

Quizá por eso muchas personas sienten el impulso de tocarse el pecho al agradecer: es una emoción que literalmente se siente en el corazón. Este bienestar general puede deberse, en parte, a la reducción del estrés que la gratitud provoca en el cuerpo.

En definitiva, podemos concluir que cultivar el agradecimiento mejora la salud mental, física y emocional, y es algo sencillo que puedes empezar a practicar desde ya.

Un estudio clave lo demuestra. En 2018, Joel Wong y su equipo trabajaron con unas trescientas personas con ansiedad o depresión. A un grupo le pidieron escribir cartas de agradecimiento durante tres semanas; a otro grupo, escribir sobre sus emociones de manera libre, y el tercer grupo no tenía que escribir nada. Los primeros no solo presentaron menos síntomas de depresión y ansiedad que el resto, sino que sus mejoras se mantuvieron hasta doce semanas después. También usaron menos lenguaje negativo y mostraron más satisfacción vital, comparado con los otros grupos.

Y ahora puede que pienses: «Vale, me gustaría practicarlo, pero no me veo escribiendo un diario todos los días. ¿Hay alguna otra forma de hacerlo?». Tranquilo. Enseguida veremos qué pasa exactamente en el cerebro cuando sentimos agradecimiento y qué alternativas tienes más allá del clásico diario para empezar a activar este neuropoder.

Antes de que empieces con esto, Sara, te diré que en mis peores momentos de ansiedad, e incluso hoy en día cuando lo necesito, escribo un diario de gratitud, y, la verdad, me va muy bien. Es increíble cómo cambia el ánimo cuando te obligas a fijarte en lo que tienes, en lugar de en lo que te falta.

Ahora, no voy a engañar a nadie: siempre me siento un poco ridículo mientras lo hago. Eso de estar anotando en un cuaderno «gracias por el café de la mañana» o «gracias por el chiste malo de mi amigo» me deja la sensación de que en cualquier momento va a entrar alguien y voy a tener que dar explicaciones.

¿Me parece una tontería? Pues justo lo contrario: funciona. Y al final he llegado a la conclusión de que, si algo me hace sentir mejor, prefiero parecer un poco tonto a seguir acumulando días grises. Solo quería colarme con este apunte por si alguien se siente igual que yo. Todo tuyo, Sara.

¿QUÉ PASA EN EL CEREBRO DE LAS PERSONAS AGRADECIDAS?

Practicar la gratitud tiene efectos directos y potentes en el cerebro muy parecidos a los de practicar el perdón. Uno de los más destacados es que reduce la actividad de la amígdala y se incrementa la liberación de serotonina y oxitocina. Esta neuroquímica es fundamental para experimentar bienestar en el día a día.

Pero eso no es todo. Cuando somos agradecidos ocurre algo fascinante: los cerebros se sincronizan. Es decir, el cerebro de quien expresa gratitud y el de quien la recibe comienzan a mostrar patrones de actividad similares: misma frecuencia, mismas ondas. Esta sincronización fortalece la conexión interpersonal, mejora la comunicación y aumenta el sentimiento de cooperación mutua. Increíble, ¿verdad?

Este fenómeno también ocurre cuando ayudamos a otros o cuando nos sentimos entendidos, como vimos en el capítulo anterior.

Esto explica por qué la gratitud y la generosidad suelen ir de la mano. Aunque no son lo mismo, ambas activan el circuito de recompensa del cerebro, especialmente el estriado ventral, liberando dopamina y endorfinas, generando sensaciones de placer, bienestar y satisfacción vital.

Además, la gratitud también activa la corteza cingulada anterior (CCA) y una región muy interesante del cerebro: la corteza prefrontal media (CPFm). Esta zona se relaciona con nuestra identidad, ya que se activa tanto cuando pensamos en los demás como cuando reflexionamos sobre nosotros mismos. Ambas áreas juegan un papel clave en la regulación emocional y el manejo del estrés.

Un estudio del laboratorio de Joel Wong en 2016 mostró que escribir cartas de gratitud durante solo veinte minutos al día durante tres semanas aumentaba la actividad en la CPFm, y lo más sorprendente: ese cambio se mantenía hasta tres meses después.

¿Y por qué es tan relevante esta zona? Por tres motivos principales:

1. Porque muestra lo profunda que puede ser la experiencia de agradecer: puede transformar incluso nuestra identidad.
2. Porque, aunque la gratitud implique abrirnos hacia los demás, no perdemos nuestra presencia interna. Seguimos ahí, conectados con nosotros mismos mientras damos.
3. Porque tener esta zona activa nos ayuda a reinterpretar situaciones negativas para reducir su carga emocional, lo que facilita el equilibrio y la calma interior.

Como puedes ver, agradecer no es solo una cuestión emocional o social. Es un acto profundamente transformador a nivel cerebral, que fortalece tanto la conexión con los demás como con uno mismo.

¿SER AGRADECIDO TE HACE PISAR MENOS FUERTE POR LA VIDA?

A veces se piensa que, si eres muy agradecido o generoso, es más fácil que los demás se aprovechen de ti. La gratitud suele ir acompañada de humildad, pero eso no significa que las personas agradecidas sean pasivas o poco ambiciosas. De hecho, Ferran, ¿tú crees que ser agradecido te hace más débil o menos empoderado?

Para nada. Ser agradecido no me hace más débil; me hace más consciente de lo que tengo y valoro. No es falta de poder, es recordar que no controlamos todo y aun así hay motivos para celebrar.

Confundir gratitud con debilidad es como creer que decir «gracias» te convierte en peor cliente. Para mí, la gratitud da una fuerza tranquila: no impone, reconoce lo bueno y sabe disfrutarlo. Así que no me siento menos empoderado por agradecer. Vivir como si todo me lo debieran me dejaría indefenso. Y, por cierto, nunca he visto a nadie perder autoridad por dar las gracias…, salvo quizá algún político en campaña.

Pues que sepas, Ferran, que la investigación te da la razón. Robert Emmons, uno de los mayores expertos en gratitud, demostró que las personas agradecidas son en realidad más proactivas. En uno de sus estudios descubrió que quienes cultivan la gratitud están un 20 por ciento más motivadas para perseguir sus objetivos, se esfuerzan más y, como consecuencia, tienen más probabilidades de alcanzarlos.

¿Por qué sucede esto? Los investigadores apuntan a cuatro razones principales:

1. Relaciones más fuertes: al ser agradecido fortaleces tu red social, lo que te da más apoyo emocional. Saber que puedes contar con otros aumenta tu sensación de capacidad frente a los desafíos.

2. Inspiración personal: la gratitud genera una sensación de crecimiento interno, lo que suele traducirse en más motivación y productividad, incluso en el trabajo.
3. Mayor apertura mental: al sacar el foco de ti y prestar más atención a los demás, te vuelves más receptivo a otros puntos de vista, lo que facilita generar mejores ideas y soluciones.
4. Más autocontrol y visión a largo plazo: agradecer te ayuda a enfocarte en lo importante, mantener la motivación y resistir las distracciones para lograr tus metas.

En esencia, la gratitud nos conecta con los demás y eso tiene un gran valor evolutivo. Se cree que esta emoción se conservó en nuestra especie porque favorece la cooperación social, incluso con personas fuera de nuestro círculo cercano. Es una emoción profundamente social.

En el mundo animal no existe la gratitud como tal, pero sí algo muy parecido: la reciprocidad altruista.

> Algunos animales, como los monos, aves o peces, se ayudan entre sí sin esperar nada inmediato a cambio. Por ejemplo, un mono puede rascarle la espalda a otro sin recibir nada en ese momento.

Este tipo de comportamientos fomenta la cooperación, incluso entre desconocidos, y crea confianza. Lo mismo sucede con la gratitud en los humanos: abre la puerta a nuevas conexiones, genera confianza y hace más probable que nos ayudemos mutuamente. Por eso, agradecer no te hace más débil. Todo lo contrario: te fortalece y te conecta.

¿QUÉ MANERAS TENEMOS DE AGRADECER?

Una forma clásica es escribir un diario de gratitud, como decíamos antes. Si te gusta escribir, adelante. Puedes hacerlo el tiempo que quieras y con la frecuencia que mejor te funcione. Pero si te cuesta mantener el hábito, o te da *cosilla*, como dice Ferran, te cuento un secreto: según un estudio del laboratorio de Sonja Lyubomirsky, escribir en el diario solo una vez por semana (por ejemplo, los domingos por la tarde) es más beneficioso que escribirlo dos o tres veces por semana. ¿La razón? Hacerlo menos veces hace que lo valores más, que no se vuelva algo automático. Así que, en este caso, menos es más.

Otra manera es valorar las pequeñas cosas del día a día, apreciar lo bueno que está disponible, esas que solemos dar por sentadas. Agradece lo que tienes, lo que te hace feliz, incluso lo que podrías perder. Puedes hacerlo en voz alta, pensarlo o escribirlo. Según la ciencia, escribir es lo que más efecto tiene, aunque lo importante es encontrar una manera que se adapte a ti.

Uno de los estudios más conocidos de Robert Emmons mostró que pedir a los participantes que escribieran cinco cosas por las que estaban agradecidos, una vez por semana durante diez semanas, mejoraba significativamente su bienestar. Se sintieron más optimistas, con más emociones positivas y hasta mejor físicamente: menos dolores, menos síntomas como náuseas o fatiga.

También puedes dar las gracias a las personas de tu entorno por algo en concreto que te hayan aportado. A veces agradecemos lo que tenemos, pero olvidamos agradecer a quienes nos ayudaron a conseguirlo. Si además puedes hacerlo en público, mejor aún, según los estudios. Eso sí: hazlo desde la sinceridad, con palabras concretas y específicas. No vale el típico «gracias por todo». Intenta ir al detalle: «Gracias por haber estado conmigo cuando más lo necesitaba», por ejemplo.

¿Has oído hablar de las cartas de gratitud (que no es lo mismo que el diario de gratitud)? Son muy potentes. Solo tienes que escribirle a alguien una carta expresando todo aquello por lo que le estás agradecido. No hace falta que se la entregues: el simple hecho de escribirla tiene un gran impacto emocional y mental. ¿Por qué no probarlo?

Otra opción: prueba con meditaciones guiadas centradas en la gratitud. Puedes encontrarlas en apps como Insight Timer, Petit Bambú, Spotify o incluso Instagram. Te ayudan a cultivar esta emoción de manera sencilla y accesible.

> Y si estás en un momento complicado y todo esto te suena forzado, no te preocupes. No hace falta agradecer solo lo positivo. También puedes encontrar gratitud en las experiencias difíciles.

Ferran, ya que te tengo por aquí, ¿te acuerdas de cuando tenía ansiedad? Me ayudaste a ver qué agradecer incluso en esa situación. Al principio costaba, pero con el tiempo entendí que incluso lo más duro puede dejarte aprendizajes por los que mostrar gratitud. Cada dificultad que te presenta la vida puede ser muy buen material para seguir creciendo (aunque en el momento cueste de ver).

Claro que me acuerdo. Mira, en relación con todo esto que nos estás contando, en el show *Bye Bye Ansiedad* leo una carta que me gustaría compartir aquí contigo y con todos los lectores. Creo que de alguna manera te enseña cómo se siente alguien con ansiedad y como algo que en principio puede ser tan malo se convierte, a través del agradecimiento, en una herramienta de cambio personal. Dice así:

> A veces la ansiedad se siente como estar atrapado en una habitación sin puertas ni ventanas. Como si el aire no alcanzara, como si el corazón latiera tan fuerte que fuera a romperse. Es pensar que todo se va a derrumbar, aunque nada esté pasando afuera. Es mirar

al espejo y no reconocerse… porque la batalla no es contra el mundo, sino contra uno mismo.

Yo sé lo que es eso. Yo sé lo que es no poder dormir, caminar de un lado a otro sin encontrar paz, sentir que nadie entiende, que estás solo en medio del ruido. Yo sé lo que es llorar en silencio, con una sonrisa puesta para que nadie lo note. Pero también sé algo más importante: se puede salir. Se puede superar. Un día, sin darte cuenta, el aire empieza a entrar de nuevo. Descubres que tu corazón late fuerte, sí, pero porque está vivo, porque quiere seguir. Empiezas a mirar alrededor y a darte cuenta de que no estabas tan solo, que siempre había alguien ahí, esperando a que te dieras cuenta.

Superar la ansiedad no significa que nunca vuelva a aparecer. Significa que ya no manda en tu vida, que aprendiste a mirarla de frente y decirle: «Ya no me controlas, porque ahora soy más fuerte que mis miedos».

Y si hoy estás escuchando esto y alguna vez sentiste que no podías más…, quiero que sepas algo: sí puedes. Aunque sientas que no, aunque pienses que es imposible, aunque creas que nadie lo entiende…, sí puedes. Yo pude, y si yo pude, tú también vas a poder.

La ansiedad no define quién eres. Lo que te define es tu valentía, tu capacidad de levantarte cada vez que caes, tu forma de seguir caminando, aunque tiemble el suelo bajo tus pies.

Y cuando por fin sales…, cuando por fin respiras hondo y miras al cielo…, entiendes que todo ese dolor no fue en vano. Te ha hecho más humano, más sensible, más consciente del valor de estar aquí, ahora, vivo.

Para mí, ayuda mirar hacia atrás: recordar momentos difíciles y ver qué aprendiste de ellos. Sentir gratitud no solo por lo bonito, sino también por lo que te ha hecho crecer.

Creo que no hacen falta grandes rituales para cultivar la gratitud; basta con entrenar la mirada. Y si un día no sale nada, siempre se puede dar gracias por la cama donde vas a caer rendido.

¿POR QUÉ VALE LA PENA AGRADECER?

Según mi experiencia personal —y también de acuerdo con numerosos estudios— ser agradecido no solo mejora nuestro estado de ánimo, sino que transforma la manera en la que nos relacionamos con la vida. La investigadora Sonja Lyubomirsky lo explica muy bien en su trabajo sobre la felicidad, donde argumenta varias razones poderosas para integrar esta práctica. Una de ellas es que pensar desde la gratitud nos permite saborear más intensamente los buenos momentos. Al prestar atención a lo positivo, lo amplificamos. Es como ponerle una lupa a lo bonito que nos pasa.

Agradecer refuerza asimismo nuestra autoestima. Nos ayuda a conectar con el valor que tiene nuestra vida y con todo lo que somos capaces de generar y recibir. Agradecer lo que tenemos o lo que nos ofrecen los demás nos hace sentir más valiosos y conectados con nuestra propia historia.

Además, la gratitud actúa como un recurso de resiliencia. Nos permite afrontar situaciones difíciles desde una mirada más constructiva. De hecho, se ha observado que las personas agradecidas tienden a tener menos recuerdos traumáticos, o al menos los viven con menos intensidad emocional. Es como si agradecer suavizara el impacto del dolor.

Otra razón importante es que fortalece nuestros vínculos. Cuando tomamos consciencia del valor de quienes nos rodean, cuidamos más esas relaciones, lo que crea una especie de círculo virtuoso. Y al mostrarnos más positivos y receptivos, conectamos más fácilmente con otras personas, lo que naturalmente favorece la creación de nuevas relaciones.

También es interesante cómo el agradecimiento puede frenar emociones más destructivas, como la envidia, el rencor o la comparación constante con los demás. Cuando nos enfocamos en lo que sí tenemos y no en lo que falta, todo se calma dentro.

Y un punto final pero muy importante: la gratitud ayuda a combatir la adaptación hedonista, ese mecanismo por el cual el cerebro se acostumbra rápidamente a las cosas buenas (una casa nueva, un logro, una relación) y deja de valorarlas con el tiempo.

> Practicar el agradecimiento ralentiza ese proceso, lo que nos permite disfrutar por más tiempo de aquello que nos hace bien.

Así que sí, como ves, agradecer es un acto sencillo, pero de gran profundidad. Tiene un impacto real y duradero en cómo sentimos, cómo vivimos y cómo nos relacionamos.

Ferran, ¿por qué crees que merece la pena cultivar la gratitud en el día a día?

Merece la pena cultivar la gratitud porque te cambia el enfoque. No borra los problemas, pero los pone en otra escala: lo que lo ocupaba todo se hace más pequeño y aparece lo importante. Además, recuerda que no estamos solos: al agradecer, reconoces lo que otros hacen por ti y se refuerzan los vínculos. Es un buen antídoto contra el aislamiento cotidiano. Y tiene otra ventaja: no cuesta nada. No necesita recetas ni suscripciones; solo atención y ganas de reconocer lo bueno, incluso en medio del caos.

En resumen, la gratitud vuelve la vida más habitable. Con lo complicada que es, cualquier respiro merece un sitio fijo en la rutina.

CAPÍTULO VIII

Séptimo neuropoder. Autoabrazo definitivo

Ese en el que intenté ligar conmigo mismo

Dicen que lo más importante en la vida es tener una buena relación contigo mismo. Suena precioso…, pero la mía conmigo parece más bien una relación tóxica. Yo me levanto cada mañana dispuesto a quererme y mi cabeza responde: «¿Seguro? ¿No prefieres odiarte un ratito para entrar en calor?».

El amor propio es como ir al gimnasio: todo el mundo dice que lo practica, pero nadie sabe exactamente cómo se hace. Te dicen: «Tienes que hablarte bonito, tener un diálogo interno positivo». Vale, pero mi diálogo interno es básicamente un *hater* con megáfono. Es como si dentro de mi cabeza viviera un cuñado que nunca se calla:

—¿Vas a ponerte esa camiseta? Parece que la sacaste del contenedor amarillo.

—¿Vas a hablar en público? Prepárate para hacer el ridículo histórico del año.

Así no hay autoestima que aguante.

Un día probé un ejercicio que vi en un libro de autoayuda: hablarme frente al espejo con afirmaciones positivas. Me puse firme y dije: «Soy fuerte, soy capaz, soy suficiente». A los diez segundos me entró la risa. Parecía que estaba intentando ligar conmigo mismo: «¿Vienes mucho por aquí, guapo?». Me incomodé tanto que terminé tapando el espejo con una toalla, como si fuera un vampiro huyendo del sol.

Ojo, quererse no es tan fácil. Amar a otra persona es más sencillo: te fijas en lo bueno, te ilusionas, te concentras en lo que mola. Pero contigo..., ¡tú lo sabes todo! Tú conoces la lista completa de cagadas, errores y momentos ridículos de tu vida. ¿Y cómo le dices «te amo» a alguien que todavía recuerda cuando se cayó bailando «La Macarena» en una boda... sobrio?

El verdadero problema es que nos hablamos como no hablaríamos nunca a nadie. Si un amigo te dice: «Estoy cansado, he fallado, me siento fatal», tú le abrazas, le animas: «No pasa nada, descansa». Cuando eres tú el que se siente así, la respuesta interna es: «Eres un inútil, espabila, que así no llegas ni a la siesta». ¿En serio? ¡Un poco de cariño, hombre!

Yo tuve mi gran epifanía con esto en un domingo cualquiera. Estaba tirado en el sofá, sintiéndome culpable por no estar siendo productivo. Y de repente pensé: «Si un amigo me dijera que está agotado, ¿qué le recomendaría?». La respuesta fue clara: «Que descanse». Así que obedecí..., pero con estilo: me levanté, fui a la cocina, me preparé un helado tamaño olímpico y volví al sofá. Porque seamos sinceros: descansar está bien, pero descansar con helado es casi una experiencia espiritual.

El amor propio debería ser eso: hablarte como le hablarías a alguien a quien quieres. Con paciencia, con humor, con compasión. No con la mala leche con la que solemos tratarnos. Yo ya tengo mi regla básica: si no se lo diría a un amigo, no me lo digo a mí mismo. Funciona... más o menos. Porque a veces me escucho y pienso: «Vale, no se lo diría a un amigo... ¡pero sí a un enemigo!».

El punto es que el amor propio no significa repetirte que eres maravilloso las veinticuatro horas. Eso es agotador. El amor propio real es poder mirarte al espejo y decir: «Vale, eres un desastre. Pero eres MI desastre. Y aunque llegues tarde, olvides las llaves y tengas pinta de que acabas de pelearte con un secador... te quiero igual». Y ahí, créeme, te cambia la vida porque, si ya puedes reírte de ti mismo y quererte al mismo tiempo, has conseguido el combo definitivo: amor propio con risas incluidas.

Autoabrazo definitivo

Este neuropoder, para mí, es el más crucial de todo el libro. De hecho, su mensaje ha estado latiendo en el trasfondo de cada página que has leído hasta ahora.

Hemos hablado sobre la importancia del amor en relación con los demás, pero falta la pieza final: el amor hacia nosotros mismos. Podemos viajar a lugares increíbles, rodearnos de personas que nos quieren, mantener hábitos saludables, disfrutar de placeres cotidianos e incluso alcanzar ese trabajo con el que siempre soñamos... Pero si la voz que habita en nuestra cabeza no está de nuestra parte —si constantemente nos saboteamos—, si no tenemos una relación amorosa con nosotros mismos, entonces difícilmente podremos sentirnos en paz o vivir con plenitud.

Por eso, te invito ahora a hacer una pequeña pausa. Cierra los ojos unos segundos y pregúntate con honestidad: ¿cómo te hablas en tu mundo interior? Cuando las cosas no salen como esperas, ¿qué tipo de voz aparece en tu mente? Piensa en una situación reciente donde algo no salió bien. ¿Cómo fue tu diálogo interno en ese momento? ¿Qué me dices, Ferran?

Cierro los ojos un segundo y me escucho. En la intimidad de mi cabeza suelo alternar dos voces: una es el fiscal implacable —esa que repite en bucle lo que has hecho mal, lo repasa en detalle y encima te busca agravantes—; la otra, más baja y paciente, intenta poner las cosas en perspectiva y te ofrece un vaso de agua emocional. No es que la segunda tenga megáfono, pero cuando aparece se nota como un alivio inmediato.

Hace poco tuve una presentación que no salió como esperaba: me trabé en un par de ideas y, durante cinco minutos, la fiscal interna montó un juicio popular: «¿De verdad que no te lo has trabajado? ¿Así es como te presentas? Menudo desastre». Fue cruel, precisa y muy creativa inventando castigos. Después, cuando me callé un rato para respirar, surgió la voz paciente: «Vale, te has equivocado, pero mira lo que corregiste; aprendiste algo; mañana lo harás mejor». Esa segunda voz no niega el fallo, solo lo pone en su sitio.

Con los años he aprendido a favorecer la voz paciente. No con discursos grandilocuentes, sino con gestos pequeños: detenerme tres respiraciones, decirme algo que le diría a un amigo («No pasa nada, hiciste lo posible»), reconocer el esfuerzo en voz alta y anotar una cosa que salió bien. Funciona porque cambia el tono: la autocrítica sigue existiendo —es útil cuando apunta a mejorar—, pero la autoamabilidad evita que te arranques la piel cada vez que te equivocas.

Al final, intento que mi voz interior sea más aliada que mamporrera. No siempre lo consigo —la fiscal aún tiene sus rachas—, pero cuando la voz compasiva gana terreno, todo pesa menos y hasta puedes reírte un poco de tu torpeza.

Y ahora, imagina que eso mismo le hubiera ocurrido a un buen amigo… ¿Le habrías hablado igual?, ¿con el mismo tono?, ¿las mismas palabras?

No, porque probablemente lo trataría con más cariño del que me dedico a mí mismo al principio.

Cuando veo a un amigo hecho polvo, mi voz externa es amable y práctica: «Tranquilo, fue un bache; lo puedes arreglar; ¿qué necesitas ahora?». Le doy margen, le recuerdo lo que hizo bien y le quito hierro al asunto.

Conmigo, en cambio, esa voz tarda más en aparecer. Suelo empezar con la autocrítica, que llega rápido y con ganas de dar titulares: «Menudo desastre», «otra vez lo mismo», «siempre igual». Esa voz es ruidosa y dramática. Más tarde la contrarresto con la otra más paciente, que me recuerda que equivocarse es normal y que una caída no define toda la historia.

Si tu respuesta ha sido negativa, como la de Ferran, no te preocupes ni te castigues por ello. No estás solo: los estudios muestran que cerca del 80 por ciento de las personas se tratan a sí mismas con más dureza, exigencia e impaciencia de lo que lo harían con alguien a quien quieren. Es más común de lo que parece. Nuestra mente tiende a actuar así por razones que exploraremos más adelante.

La buena noticia es que esto *sí puede cambiar*. Podemos entrenar una forma diferente de hablarnos, más amable, más compasiva, y eso transforma por completo la relación que tenemos con nosotros mismos —y, por extensión, con todo lo demás.

Aquí vamos a hablar del autoamor, de autoamabilidad, de autocompasión, una habilidad que va más allá de la autoestima y que es increíblemente necesaria para sentirnos bien con nosotros mismos y con la vida.

En España, para qué negarlo, la palabra «compasión» arrastra un significado poco atractivo. A menudo la asociamos con lástima, con indulgencia e incluso con cierta condescendencia: como si quien la ejerce lo hiciera desde una posición de superioridad, anulando al otro. Sin embargo, en otros idiomas como el inglés, *compassion,* está más relacionada con la empatía profunda y genuina. Es una actitud que conecta, no que aleja.

La neurocientífica Kristin Neff, una de las mayores expertas en el estudio de la autocompasión, define este concepto como «darnos a nosotros mismos el mismo cuidado, consuelo y apoyo que de forma natural ofrecemos a quienes queremos cuando atraviesan un momento difícil». Y es que es eso, ni más ni menos: tratarnos como trataríamos a un buen amigo, a un ser querido.

Es increíble cómo la sociedad —especialmente en culturas occidentales— nos enseña a cuidar a los demás, a estar pendientes del otro, a complacer..., pero muy poco sobre cómo cuidarnos a nosotros mismos. Y menos aún sobre cómo hablarnos con cariño dentro de nuestra propia mente, justo cuando más lo necesitamos.

Yo crecí en una familia donde predominaban la exigencia y la autoridad. Y sin darme cuenta, ese mismo trato fue el que adopté hacia mí durante muchos años. Me hablaba mal, me juzgaba con dureza y me exigía en exceso. Esta forma de relacionarme internamente me generaba una ansiedad creciente que, con el tiempo, se convirtió en una carga insostenible. Hasta que un día colapsé.

Fue en ese momento cuando conocí a Ferran. Él me ayudó a cambiar muchas cosas: mi estilo de vida, mi mirada, mi enfoque. Gracias a su acompañamiento, una parte de mí por fin pudo aflojar. Siempre le estaré profundamente agradecida por eso. Sin embargo, aún quedaba una parte resistente: mi voz interior seguía siendo dura, intransigente y crítica.

Entonces llegó a mi vida el yoga. No, el yoga no me enseñó a ponerme la pierna detrás de la cabeza (eso ya lo hacía desde mis años como bailarina). Lo que sí me regaló fue algo infinitamente más transformador: una nueva manera de relacionarme conmigo misma. Todo empezó cuando integré su primer principio: *ahimsa*.

Ahimsa significa «no violencia». Y no se refiere exclusivamente a no agredir a otros, sino también —y sobre todo— a no ejercer violencia contra uno mismo. No violencia en las palabras que usamos con nosotros, en las decisiones que tomamos, en la manera en la que nos pensamos y nos hablamos.

Es fácil identificar cuando lastimamos a alguien con nuestros actos o nuestras palabras. También es más evidente cuando nos hacemos daño con conductas autodestructivas. Pero lo más difícil —y quizá lo más sutil— es reconocer cómo nos hieren nuestros propios pensamientos. Porque están ahí dentro, nadie los oye, parecen invisibles. Y, sin embargo, cada palabra que nos decimos deja una huella emocional. Y esa emoción, como sabes, desencadena una cascada neurofisiológica que impacta directamente en nuestro cuerpo y en nuestro estado mental. Tenemos el poder de cogenerar nuestros propios estados emocionales y fisiológicos según cómo pensemos.

El diálogo interno tiene un poder inmenso. A veces tratamos a nuestra mente como si fuera una enemiga, la villana de nuestra historia. Pero en realidad, el primer paso para amarnos es dejar de luchar con ella, entenderla y abrazar su naturaleza. Desde esa comprensión podemos transformar la relación que tenemos con ella y empezar a amarnos tal y como somos.

¿Te animas a empezar?

¿CÓMO AFECTA LA AUTOCRÍTICA AL CEREBRO?

Cuando mantenemos un diálogo interno cargado de juicio y dureza hacia nosotros mismos, nuestro cuerpo entero lo percibe como si estuviéramos bajo una amenaza. Sí, así de literal: el cerebro interpreta la autocrítica como un ataque, como si nos estuvieran poniendo en peligro. ¿Y qué hace entonces? Activa su sistema de defensa. Se enciende el sistema nervioso simpático, el encargado de la reacción de lucha o huida. La amígdala —esa estructura tan sensible al miedo y al peligro— se activa con fuerza. Se dispara la producción de cortisol, la hormona del estrés. Y lo más sorprendente: los estudios muestran que la actividad de la amígdala puede mantenerse elevada hasta dos horas después de ese diálogo interno autocrítico. Dos horas de tensión acumulada por una sola conversación contigo mismo.

En paralelo, disminuye la producción de neurotransmisores asociados al bienestar, como la serotonina o las endorfinas. Y, por si fuera poco, este tipo de diálogo activa también las mismas zonas cerebrales que se encienden cuando sentimos dolor físico: la *corteza cingulada anterior* (CCA) y la *ínsula*. En otras palabras, el cerebro vive la autocrítica como si nos estuviéramos golpeando desde dentro. El dolor emocional y el físico se entrelazan en una experiencia profunda de malestar.

Hay más. La autocrítica constante también se asocia con una mayor activación de la *corteza prefrontal lateral,* encargada de resolver problemas. Es como si nuestra mente interpretara nuestras fallas como asuntos urgentes que se deben corregir. Y aunque esto puede parecer útil, en realidad no lo es tanto. ¿Por qué? Porque la crítica bloquea la flexibilidad cognitiva: nos hace menos creativos, menos adaptables, más rígidos en nuestra manera de pensar y de reaccionar. Y si esto se vuelve una pauta habitual, la plasticidad neuronal —la capacidad del cerebro para cambiar y adaptarse— también se ve reducida.

Es decir, cuando la autocrítica es frecuente, estamos manteniendo un estado de estrés crónico. Y el cuerpo, cuando vive demasiado tiempo en ese estado, lo manifiesta: inflamación, bajada de defensas, cansancio, enfermedades físicas, ansiedad, insomnio, incluso depresión. El impacto es real, tanto en lo psicológico como en lo físico.

Y ahora, después de todo esto, quizá te sientas alarmado o incluso culpable. Pero espera un segundo. ¿Y si te dijera que la autocrítica *no es un fallo*? ¿Y si te contara que esta tendencia tan común tiene su razón de ser?

> Porque sí, el cerebro tiene una tendencia natural hacia la autocrítica. No es un error, es una estrategia ancestral que tiene su función.

Y entenderla, lejos de condenarnos, puede ser el primer paso para transformarla con compasión. En el próximo apartado te explico por qué.

¿Por qué nos autocriticamos?

Si lo piensas bien, la autocrítica tiene una función adaptativa. Nuestro cerebro no nos critica *porque sí*, sino porque cree que nos ayuda. Desde un punto de vista evolutivo, tener una voz interna que nos señala nuestros errores o defectos servía para mejorar nuestro comportamiento y evitar futuros fracasos, lo que aumentaba nuestras probabilidades de supervivencia o aceptación social. Era una forma de asegurarnos que *encajábamos*, que no quedábamos fuera del grupo, lo que en tiempos ancestrales podía significar la muerte.

La autocrítica también puede tener la intención (torpe, eso sí) de motivarnos a mejorar. Es como si la mente dijera: «Si te machaco, te vas a esforzar más para no volver a fallar». Lo que ocurre es que esta estrategia, aunque en algún momento pudo tener sentido, hoy no funciona tan bien. A largo plazo, lo único que genera es ansiedad, bloqueo, baja autoestima y sensación de fracaso. El castigo constante no genera un cambio sostenible, más bien debilita nuestra capacidad de resiliencia.

Y tú, Ferran, ¿cómo ves esta idea? ¿Te resuena haber usado la autocrítica como una forma de *motivación*? ¿Te sirvió en algún momento o acabó pasándote factura?

Sí, claro que he usado la autocrítica como una forma de motivación. Durante mucho tiempo pensé que decirme cosas duras me empujaría a mejorar: «Tienes que hacerlo mejor», «esto no es suficiente», «espabila de una vez». Y en parte funcionaba..., pero a costa de dejarme agotado.

El problema es que esa motivación basada en la bronca interna tiene un recorrido muy corto. Al principio te mueve, pero al final te pasa factura: pierdes confianza, te vuelves más inseguro y acabas dudando incluso cuando haces las cosas bien. Es como intentar correr una maratón a base de insultos: puede que avances unos kilómetros, pero tarde o temprano te quedas sin aire.

Con los años he aprendido que la autocrítica puede ser útil si es constructiva y concreta, no si se convierte en un martillo constante. Ahora intento que mi motivación venga más de la curiosidad o de la ilusión por aprender, y no solo del miedo a fallar.

Al final, motivarse a base de palos puede funcionar un rato…, pero es mucho más efectivo y duradero cuando también sabes darte algún aplauso. Y, seamos sinceros, a nadie le apetece vivir con un entrenador gritón metido en la cabeza las veinticuatro horas.

Aquí te presento las distintas razones que explican por qué nos autocriticamos, según la Dra. Kristin Neff y el Dr. Paul Gilbert, psicólogo creador de la Terapia Centrada en la Compasión:

–Para evitar ser excluidos.

Sentimos tanto miedo a equivocarnos y a ser rechazados que estamos continuamente atentos a todo lo negativo que hacemos (o podríamos hacer) con tal de evitarlo. Es una estrategia de supervivencia que se sostiene en uno de los sesgos más potentes del cerebro: el sesgo de negatividad. Este nos lleva a fijarnos más en lo que falla que en lo que funciona, y la autocrítica se convierte en una forma de defensa. Si nos autocorregimos antes de que lo hagan los demás, quizá así logremos evitar el rechazo. Desde una perspectiva evolutiva, no pertenecer al grupo suponía un riesgo vital, así que el cerebro desarrolló este mecanismo para mantenernos dentro de la *tribu*.

–Para espabilarnos, como forma de castigo que nos motive a hacerlo mejor la próxima vez.

Este mecanismo suele tener su origen en la educación. Las personas que han crecido en entornos muy autoritarios o exigentes tienden a hablarse a sí mismas con mayor dureza. Creen que, si no se presionan, no avanzarán. Se asocia el castigo al cambio o la mejora. Sin embargo, los estudios muestran que, aunque el miedo pueda generar un cambio puntual, es el amor lo que realmente permite aprender, desarrollarse y llegar lejos en los objetivos.

–Para sentir que tenemos control (aunque sea un control falso) sobre el error.

Cuando nos criticamos por algo que hicimos mal, muchas veces entramos en bucles mentales donde revivimos la situación una y otra vez. Es como si nuestra mente creyera que, si lo analiza lo suficiente, podrá evitar que vuelva a pasar. Sin embargo, esta es una ilusión. Los errores forman parte de ser humanos. Asumir nuestra falibilidad es parte del proceso de crecimiento.

–Para protegernos de las críticas externas.

Al criticarnos primero a nosotros mismos, sentimos que las críticas que puedan venir de fuera no dolerán tanto. Es una estrategia para proteger nuestro ego: si yo ya me he dicho todo lo malo, nada de lo que venga de fuera me hará daño. Pero esta autoprotección también deja huella, porque nos hiere desde dentro.

–Por la presión cultural de tener que ser perfectos.

Vivimos en una sociedad en la que sentimos que debemos destacar, ser especiales, hacerlo todo bien y demostrar constantemente nuestro valor. Esa competitividad y necesidad de validación externa hacen que la autocrítica aumente aún más. Queremos estar a la altura, y si no lo logramos, nos castigamos.

–Por el tipo de educación recibida.

Si crecimos con padres o figuras de referencia muy críticos, es probable que hayamos interiorizado esa forma de hablar como la voz interna que nos acompaña ahora. Es un aprendizaje profundo, adquirido en etapas muy tempranas, y que se convierte en una forma automática de relación con nosotros mismos.

> En el fondo, lo que vemos es que nuestro cerebro intenta protegernos. No siempre lo hace de la manera más hábil, pero su intención es buena.

A nivel evolutivo, la autocrítica cumplió una función importante para sobrevivir, aunque hoy en día esa estrategia nos cause más sufrimiento que ayuda.

Como decíamos en *El cerebro de la gente feliz*, el objetivo del cerebro no es hacernos felices, sino mantenernos vivos. Y por eso muchas de las tendencias naturales de la mente no están orientadas al bienestar, sino a la seguridad. Agradezcamos a nuestro cerebro por funcionar como lo hace, por querer mantenernos a salvo, incluso cuando esa forma de hacerlo ya no nos sirve.

Aceptar que nuestra mente actúa así por su diseño natural nos permite dejar de luchar contra ella. Nos invita a mirarla con compasión. Si comprendemos de verdad por qué tendemos a hablarnos mal, dejaremos de culparnos por ello. Y entonces sí, podremos dar el primer paso para cambiar esa voz por otra más amorosa, más sabia, más humana. El amor y la plasticidad neuronal tienen ese poder transformador.

SER AMABLE CON UNO MISMO

La mejor medicina frente a la autocrítica es aprender a tratarnos con amabilidad. Sin embargo, es común que al empezar a hablarnos con más amor surjan ciertas resistencias internas. Algunas personas sienten que, si se tratan con demasiada ternura, podrían volverse débiles, vulnerables o incluso caer en el egoísmo o la arrogancia. Superar estos obstáculos es un paso clave en el camino del cuidado propio.

Te pregunto a ti, lector, y a ti, Ferran, ¿crees que si te tratas con amor puedes hacerte una persona narcisista o engreída? ¿Darte demasiado amor puede volverte una persona blanda o vulnerable?

Al principio sí lo pensaba. Creía que tratarme con amor podía sonar a narcisismo barato, a mirarme en el espejo diciendo «qué guapo eres» y guiñarme un ojo. También tenía la sospecha de que podía volverme blando, demasiado indulgente conmigo mismo, como si el autoamor fuera una excusa para no exigirme nada.

Con el tiempo descubrí que era justo al revés. Cuando me trataba mal, no me volvía más fuerte, sino más inseguro. La autocrítica constante me desgastaba y me quitaba energía. En cambio, cuando empecé a hablarme con un poco de respeto, a perdonarme errores y a darme tregua, noté que tenía más fuerza para afrontar los retos y más confianza para aprender de mis fallos.

Una prueba clara la tengo en mi show *Bye Bye Ansiedad*. Antes de salir a escena, con centenares de personas esperando reír conmigo y aprender a superar sus miedos, sé que la única manera de estar presente es tratarme con cariño. Si me hablara con dureza, el pánico escénico me ganaría la partida. Pero cuando me digo: «Tranquilo, lo has hecho mil veces, confía en ti», es cuando de verdad conecto con el público y disfruto del momento. Ese cambio de voz interna me ha salvado más de una función.

Así que ahora lo tengo claro: tratarme con amor no me hace narcisista ni blando. Me hace más humano, más consciente de mis límites y más preparado para seguir adelante. Y si alguna vez alguien lo confunde con vanidad, pues mira, que vengan a mi casa y vean cómo me hablo cuando pierdo las llaves.

SER BONDADOSOS CON NOSOTROS MISMOS NO ES LO QUE MUCHOS IMAGINAN

Tal y como dice Ferran, cuidarnos con amabilidad no significa ser débiles, egocéntricos ni tener una autoestima inflada. Para la Dra. Kristin Neff, experta en el tema, la autoestima depende de nuestros logros: nos sentimos bien cuando todo va bien, pero si fracasamos o cometemos errores, esta se desploma. Como ella misma dice, la autoestima es como ese amigo que solo aparece cuando brillamos, pero desaparece cuando tropezamos.

Ser amable con uno mismo, en cambio, permanece. No importa si estás teniendo éxito o no, si estás en un buen momento o atravesando dificultades.

> La autocompasión es una forma de acompañarte desde el amor, sin condiciones. No compara, no juzga, no evalúa. Está disponible para ti, siempre.

Tampoco se trata de caer en el narcisismo o el egoísmo. La autocompasión no te aísla del mundo, sino que te conecta. Cuando sufrimos, muchas veces pensamos: «¿Por qué a mí?», o sentimos que todos los demás son felices menos nosotros. La autocompasión nos recuerda que el sufrimiento es parte de la experiencia humana, que no estamos solos, que todos cometemos errores y tenemos imperfecciones. Nos saca de ese bucle de soledad y victimismo.

Además, ser autocompasivo no es lo mismo que tener lástima de uno mismo. No se trata de complacernos en el malestar con excusas como estas: «Me siento mal, así que me merezco este atracón de dulces» o «como lo estoy pasando mal, no me esfuerzo más». No. Autocompasión es darte lo que realmente necesitas, no solo lo que alivia momentáneamente el dolor. Es pensar a medio y largo plazo, buscando tu bienestar real.

En ocasiones eso implica ponerte límites o establecerlos con los demás. Como lo haría una madre amorosa. A mí me gusta decir que para desarrollar la autocompasión debemos aprender a automaternarnos. Una madre entiende que su hijo quiera cenar helado cada noche, pero sabe que eso no le hará bien y pone límites con ternura. Así deberíamos tratarnos: con comprensión, pero también con responsabilidad.

> La ciencia ha demostrado que las personas autocompasivas se enfocan menos en sí mismas y su dolor, rumian menos y toman mejores decisiones. También adoptan más conductas saludables y sostenibles.

Y algo muy importante: acompañarnos con amor cuando estamos mal no nos convierte en personas pasivas. Al contrario, según la Dra. Kristin Neff, la autocompasión tiene dos caras: una más tierna, que consuela y acoge, y otra más firme, que empuja a actuar, a protegernos, a buscar soluciones. Nos da fuerza interna para avanzar, incluso en los momentos más difíciles.

La amabilidad en el cerebro

Cuando nos hablamos con cariño, cuando nos tratamos con ternura y respeto, en nuestro cerebro se activa el sistema de apego: esa red biológica que nos hace sentir seguros, conectados y cuidados. En este estado, aumenta la oxitocina, ya sabes, la hormona del vínculo, y nos sentimos más tranquilos y confiados, incluso si estamos atravesando un mal momento.

Ser amables con nosotros mismos tiene un potente efecto calmante. Se desactiva el sistema de defensa del cuerpo, ese que entra en acción cuando sentimos amenaza. La amígdala se relaja, el sistema nervioso parasimpático (el que regula la calma y la recuperación) se activa, bajan los niveles de cortisol (la hormona del estrés) y mejora la variabilidad de la frecuencia cardiaca, un indicador clave de bienestar emocional. Todo esto nos hace sentir más en paz y más seguros.

El autoamor también activa el circuito de recompensa del cerebro, especialmente el núcleo accumbens, lo que genera una mayor producción de dopamina y endorfinas, neurotransmisores que nos hacen sentir placer y bienestar. Es decir, tratarnos bien —aunque estemos sufriendo— no solo alivia el dolor, sino que puede incluso resultar placentero.

Pero no solo eso. La autocompasión también estimula áreas del cerebro encargadas de regular las emociones, como la corteza orbitofrontal dentro de la corteza prefrontal. Estas zonas no solo nos ayudan a manejar lo que sentimos, sino que también nos impulsan a actuar en favor de nuestro bienestar.

En resumen, ser amables con nosotros mismos no es un lujo, es una necesidad biológica. Nos protege del estrés, nos permite pensar con más claridad, mejora nuestra memoria, nuestra atención y nuestra capacidad de aprendizaje. A través de la plasticidad neuronal, esculpimos nuevas rutas en el cerebro que dan forma a una mente más serena, resiliente y equilibrada. Y eso se nota también en el cuerpo: dormimos mejor, pensamos con más claridad y gestionamos los retos de la vida con mayor fortaleza.

Según los estudios, las personas autocompasivas:

- Son más felices, más optimistas y curiosas.
- Sienten mayor satisfacción vital. Son más agradecidas.

- Sienten menos ansiedad, menos depresión, estrés o miedo y presentan mejor humor.
- Tienen menos probabilidades de caer en adicciones o contemplar el suicidio.
- Presentan mayor regulación emocional, saben regular sus emociones negativas de manera más efectiva.
- Se ven con mejor imagen corporal, presentan menos trastornos de la conducta alimentaria.
- Llevan mejor estilo de vida.
- Tienen mejor sistema inmune, enferman menos.
- Presentan más motivación ante sus objetivos, son más pacientes y tienen mayor resiliencia.
- Sienten más conexión con el resto, llevan mejores relaciones de pareja y vida sexual.
- Son más empáticos y compasivos con los demás (sin quemarse).
- Presentan buena autoestima (sin caer en el narcisismo).
- Evitan escapar menos de las emociones negativas.

Ser amables con nosotros mismos puede transformarte de manera brutal a nivel interno. Si cultivamos la capacidad de autocuidarnos, de darnos aquello que realmente necesitamos, perdemos el miedo a que algo malo suceda, porque sabemos que podremos acogernos en la tormenta. Empezamos a apreciarnos y a apreciar todo lo bueno que tenemos en la vida y nos permitimos sentirlo, saborearlo.

Quizá pienses que darnos amor a nosotros mismos es muy difícil (incluso puede darte rechazo) o que tú no cuentas con este neuropoder, pero no es así. La autocompasión está en todos nosotros. Igual que sabemos cuidar y dar amor a los demás, sabemos cuidarnos y darnos amor a nosotros mismos. Es el mismo flujo.

Imagina una situación en la que un ser querido lo estaba pasando mal y tú estuviste ahí cuidándolo, abrazándolo en su sufrimiento. Ese amor que diste surgió de tu interior. Esto significa que también puedes darte ese mismo amor, esa misma ternura, a ti mismo. La opción está ahí disponible para ti.

Quizá también te ayude recordar que ser amables con los demás es la respuesta de protección más evolucionada que tenemos los mamíferos. Esta respuesta es útil porque ayuda a mantener a salvo a nuestras crías y a nuestros seres queridos.

> Si tenemos esta capacidad innata de amar incondicionalmente a los demás, también podemos transmitir esa misma *energía* hacia nosotros mismos.

Si quieres saber cómo están tus niveles de autocompasión haz un test aquí: <https://www.mindfulnessyautocompasion.com/test-autocompasion>.

LAS TRES DIMENSIONES DE LA AUTOCOMPASIÓN

Hablamos de autocompasión, hablamos de autoamabilidad. En realidad, según la Dra. Kristin Neff, la autocompasión incluye tres ingredientes entre los cuales está la autoamabilidad. Los otros dos son: *mindfulness* y humanidad compartida. Vamos a verlos un poco más detenidamente.

1. Mindfulness: presencia sin juicio

El primer pilar es el *mindfulness*, o atención plena, que significa observar lo que está sucediendo sin juzgarlo, de manera ecuánime. No se trata de exagerar la situación y convertirla en el gran drama ni hacer como si nada hubiera ocurrido. Se trata de ver con realismo y equilibrio.

En la práctica, este primer paso consiste en darte cuenta de que estás sufriendo. Parece obvio, pero no lo es. A menudo queremos quitarnos de encima ese malestar cuanto antes, evitarlo o solucionarlo rápido. Esta dimensión de la autocompasión nos invita a detenernos un momento y reconocer: «Ahora estoy pasándolo mal» o «esto que me estoy diciendo me duele». Solo cuando somos conscientes del sufrimiento, podemos empezar a tratarlo con cuidado.

2. Humanidad compartida: no estás solo

Este componente nos recuerda que no estamos solos en lo que sentimos. Todo ser humano atraviesa momentos difíciles, se equivoca, sufre. Recordarlo alivia la sensación de aislamiento que muchas veces acompaña al dolor. Saber que otros también pasan por lo mismo nos reconecta con el mundo y nos ayuda a ver nuestro sufrimiento desde una perspectiva más amplia.

3. Autoamabilidad: tratarnos con ternura

La tercera dimensión es la autoamabilidad: la capacidad de dirigirnos palabras amables, de cuidarnos, de ofrecernos consuelo, comprensión y protección. Es ese gesto interno que nos dice: «Esto duele, pero estoy aquí para mí».

> La autoamabilidad no es complacencia ni indulgencia. Es una actitud activa, amorosa y firme, que busca nuestro bienestar sin castigarnos ni ignorarnos. Es tratarnos como trataríamos a alguien a quien queremos mucho, con cariño, paciencia y respeto.

Ser amables con nosotros mismos cuando estamos sufriendo no solo es abrazar nuestro dolor, sino también preguntarnos: «¿Qué necesito ahora para aliviar este dolor?, ¿cómo puedo cuidarme mejor en este momento difícil?».

A veces no es fácil saber responder a la pregunta de «¿qué necesito en este momento para aliviar mi sufrimiento?». Yo, que llevo años en ello, muchas veces me cuesta identificar qué necesito realmente para estar bien. ¿Necesito llorar?, ¿necesito salir a correr o pasear y despejarme?, ¿necesito hablar con alguien o tener un tiempo para mí? Por eso me gustaría saber, Ferran, cuando estás mal y sientes que necesitas mimo y cuidado, ¿de qué manera te lo ofreces?

Cuando estoy mal, lo primero es darme permiso para parar. Antes apretaba más; ahora me regalo un rato de silencio, sin pantallas ni prisa, para escuchar qué me pasa.

Luego vienen los gestos concretos: me preparo algo sencillo que me gusta, escucho un disco entero (cara A y B, sin saltar) o leo tiras cómicas. Son pequeños rituales que me devuelven al presente y recuerdan que aún hay cosas bonitas, incluso en días torcidos.

También me hablo con amabilidad: «Hoy no ha salido, descansa; mañana seguimos». Parece simple, pero cambia la energía.

No es perfecto ni mágico, pero así salgo antes del agujero. Y si no funciona al instante, al menos no me echo más tierra encima.

Gracias por tus ejemplos, Ferran. Como decía, a veces no es nada fácil saber qué hacer para sentir que nos estamos acompañando cuando lo estamos pasando mal. Y si esto te cuesta, no te juzgues. Aprender a acompañarnos requiere práctica, exploración y conocerse a uno mismo.

Darte ese espacio de reflexión ya es un gran paso (aunque no haya respuesta). Solo con hacerte la pregunta «¿qué necesito en este momento para estar mejor?», ya estás abriéndote a tener una relación más amorosa y compasiva contigo misma. Y eso, querido lector, ya lo cambia todo.

Es importante entender también que no siempre acertaremos a la primera. A veces nos confundimos y creemos que necesitamos cosas que, en realidad, no necesitamos. A veces confundimos *necesidades* con *deseos* o con caprichos del momento. Incluso, otras veces, creemos necesitar lo que los demás nos han dicho que *deberíamos* necesitar, cuando quizá eso no conecta con nosotros.

Muchas de nuestras necesidades profundas están directamente vinculadas con las heridas de la infancia. Aquello que nos faltó en esos años tempranos es lo que ahora grita nuestro niño interior.

Prestar atención a cómo puedes darte amor ya te permite aprender mucho sobre ti. Empezar a reconocer y cubrir esas necesidades internas reales es un acto profundamente transformador.

No se trata de tener que solucionar todo ahora ni exigirte sentirte mejor enseguida. A veces, lo único que hace falta es un gesto de presencia y cariño hacia ti. Una palabra tierna. Un abrazo interno. Una pausa amable.

Cuando nos damos estas pequeñas muestras de cariño, tu cuerpo responde: los latidos del corazón se calman, la respiración se vuelve más lenta, tu sistema nervioso deja de estar tan activado. Todo tu estado físico y emocional comienza a cambiar: tus pensamientos, tus emociones, tu cuerpo entero. Y eso, créeme, ya es más que suficiente.

Apreciarse a uno mismo

Tenemos un sesgo natural hacia lo negativo a la hora de vernos a nosotros mismos. Tendemos a fijarnos más en nuestros defectos que en nuestras virtudes. Nos cuesta reconocer lo que hacemos bien, lo que sí tenemos, lo que sí somos.

Y para abrazarnos de verdad tal y como somos, no basta solo con tener autocompasión hacia nuestras debilidades. También necesitamos aprender a valorar nuestras fortalezas, a reconocer lo que sí nos hace valiosos, capaces, únicos.

Apreciarse a uno mismo es un acto de equilibrio: mirar nuestras sombras con ternura e iluminar nuestras luces con honestidad.

Vamos a jugar a un juego. Voy a hacerlo con Ferran para que veas cómo funciona. Quiero que escribas en un papel: «Ferran, ¿qué aprecias de ti?». Léetelo en voz alta y escribe a continuación lo primero que te venga a la cabeza. Hazlo durante tres minutos. ¿Qué cosas te han salido? ¿Te resulta incómodo valorar cuando estás solo tus cualidades positivas? ¿Por qué crees que es así?

Cuando escribo en un papel: «Ferran, ¿qué aprecias de ti?» y lo leo en voz alta, al principio me entra un poco de vergüenza, como si alguien fuera a pillarme hablando conmigo mismo. Pero si insisto y me dejo llevar, empiezan a salir cosas.

Aprecio mi capacidad de reírme incluso en medio del desastre, mi constancia para seguir intentándolo aunque me haya caído ya tres veces y mi manera de escuchar de verdad cuando alguien me cuenta algo importante. También valoro mi curiosidad: ese impulso de seguir aprendiendo, aunque a veces me meta en berenjenales innecesarios. Y, por qué no, mi sentido del humor, que tantas veces me ha salvado de quedarme atrapado en la ansiedad.

¿Me resulta incómodo valorar mis cualidades en soledad? Sí, bastante. Supongo que estamos más entrenados para enumerar defectos que virtudes. La autocrítica es inmediata, mientras que la autoapreciación suena casi a presunción. Es como si necesitara un justificante externo para creerme lo positivo.

Con los años, eso sí, he ido entendiendo que reconocer mis cualidades no me hace arrogante, me hace justo. Porque si no las reconozco yo, ¿quién lo va a hacer? Y, además, ser capaz de decirme cosas buenas cuando estoy solo me ayuda a no depender tanto de los aplausos de fuera.

Eso sí, sigo pensando que leer en voz alta «Ferran, ¿qué aprecias de ti?» debería hacerse en la intimidad absoluta... porque, como me escuchen los vecinos, lo mismo piensan que estoy ensayando para presentarme a *Operación Triunfo*.

A veces no nos gusta reconocer nuestras propias virtudes porque tememos parecer engreídos, arrogantes o narcisistas. Nos da miedo que, si los demás nos perciben así, se alejen de nosotros.

Otras veces simplemente no prestamos atención a nuestro lado positivo porque, como ya *funciona bien*, pensamos que no necesita cuidado. Nuestro cerebro, diseñado para la supervivencia, tiende a enfocarse en lo que va mal, en lo que supone una posible amenaza.

También puede pasar que evitemos destacar nuestras cualidades por miedo a subirnos a un pedestal, y después sentir la presión de tener que mantenernos ahí... o sufrir si en algún momento caemos.

Pero hay una diferencia muy importante entre reconocer con realismo nuestras cualidades y creernos superiores a los demás. Todos tenemos aspectos positivos y otros que no lo son tanto. Reconocer lo bueno en ti no significa que seas mejor que nadie. Significa simplemente que eres humano, como todos, y que tus fortalezas forman parte de ti. Igual que tus debilidades.

De hecho, cuando aprendes a valorar lo bueno en ti, también te resulta más fácil ver y valorar lo bueno en los demás. Cultivar la autoamabilidad es cultivar asimismo la conexión, la empatía y el sentido de unidad con el resto.

Muchas de tus cualidades positivas han sido nutridas por otras personas: padres, maestros, amigos, libros, parejas... Honrarlas es una forma de agradecerles a ellos, de considerarlos.

Ojalá puedas reconocer todo lo bueno que ya habita en ti. Que tus fortalezas sean motor en los momentos difíciles y que te acompañen como aliadas en tu camino hacia una vida más plena.

Estrategias para cultivar la autocompasión

Según la Dra. Kristin Neff y Christopher K. Germer, doctor en Filosofía y psicólogo clínico especializado en enfoques basados en la atención plena y la aceptación, existen distintas prácticas y ejercicios que pueden ayudarnos a desarrollar este valioso neuropoder.

En este apartado compartiré aquellas estrategias que, desde mi experiencia personal, marcaron un antes y un después al ponerlas en práctica. Si después de leerlas te quedas con ganas de seguir profundizando, te recomiendo el *Cuaderno de trabajo de mindfulness y autocompasión* de Kristin Neff y Christopher Germer, una guía práctica que puede acompañarte paso a paso en este camino.

Tacto autocompasivo

Una forma muy poderosa de ofrecernos amor —que al principio puede resultarnos extraña o incluso generar cierto rechazo— es a través del contacto físico con uno mismo, con un gesto amable y consciente. Nuestro cerebro, de hecho, da prioridad a las sensaciones corporales, como el tacto o la postura, por encima de las palabras.

Cuando nos tocamos con afecto, nuestras defensas mentales se relajan y eso nos permite mirar lo que estamos viviendo desde un lugar más amable y seguro.

Algo tan sencillo como darnos un autoabrazo puede tener un gran impacto: reduce el cortisol (la hormona del estrés) y eleva los niveles de oxitocina, generando una sensación de calma y conexión. Si lo de abrazarte no te resulta cómodo o no va contigo, no pasa nada. Aquí tienes algunas alternativas: puedes colocar una mano (o las dos) en el corazón, apoyar una mano en el pecho y otra sobre el vientre, tocarte suavemente el brazo o el rostro, o incluso simplemente rodearte con los brazos.

Si notas que el contacto directo contigo mismo te resulta incómodo, puedes empezar por acariciar un objeto que te resulte agradable al tacto: una manta suave, un cojín mullido o incluso tu mascota, si tienes. Este tipo de contacto externo también tiene efectos calmantes: relaja la amígdala y activa la misma neurofisiología relacionada con el amor y la seguridad.

Un dato interesante: masajear suavemente el rostro, como si te estuvieras aplicando una crema, es uno de los gestos que más oxitocina libera. Además, genera una profunda sensación de refugio. ¿Por qué no lo pruebas y ves qué efecto tiene en ti?

Diario autocompasivo

Al finalizar el día, piensa en una situación que no te haya hecho sentir bien. Puede ser algo por lo que te hayas criticado o un momento que te generó malestar. Por ejemplo, imagina que tu jefe te hizo una pregunta que no supiste responder y te avergonzaste.

Empieza reconociendo lo que surge dentro de ti al recordar esa situación: ¿qué pensamientos aparecen?, ¿qué emociones sientes?, ¿qué sensaciones físicas percibes? Aquí es donde entra el primer componente de la autocompasión: el *mindfulness*, así que intenta observar todo esto con neutralidad, sin juzgar.

Luego, añade un mensaje de humanidad compartida. Algo así: «Sé que no soy la única a la que le ha pasado esto. Nadie puede saberlo todo. Todos cometemos errores, y eso está bien». También puedes profundizar un poco más en las posibles causas de la situación.

Por último, ofrécete palabras de autoamabilidad, como si hablaras con alguien a quien quieres mucho. Si te cuesta encontrar las palabras, hazte esta pregunta: «¿Qué le diría a un buen amigo si estuviera en esta misma situación?».

Hay un estudio muy interesante que se realizó con personas que sufrían depresión. A un grupo se le pidió escribir un diario de autocompasión una vez a la semana, y a otro grupo se le pidió escribir sobre su día de manera neutra. Los resultados fueron sorprendentes: aquellos que practicaron la escritura compasiva redujeron sus síntomas depresivos hasta tres meses después y su nivel de felicidad aumentó hasta seis meses después.

Puedes escribir estas reflexiones en primera persona o en tercera persona, según lo que te resulte más cómodo. Algunos estudios muestran que hablarse en tercera persona ayuda a regular mejor las emociones, ya que permite tomar distancia psicológica y no quedar atrapado en la emoción.

Y si lo de escribir te resulta difícil o no logras ser constante, recuerda que también puedes hablarte en voz alta o simplemente pensarlo para ti. Lo importante es que conectes con ese gesto de amabilidad hacia ti.

Crea tu propio mantra autocompasivo

Cuando te encuentres atravesando un momento difícil, puedes crear una frase propia que te acompañe y que incluya los tres componentes de la autocompasión: *mindfulness*, humanidad compartida y autoamabilidad.

Empieza con el *mindfulness*. Tal y como recomienda la Dra. Kristin Neff, podemos detenernos y decirnos: «Este momento es difícil para mí. Reconozco que estoy sufriendo. Esto duele».

Elige una frase que sientas auténtica, que realmente conecte contigo. Mientras te la dices, puedes acompañarla con algún gesto de amor hacia ti, como colocar las manos en el corazón y hacer un pequeño masaje, o cualquier otro gesto compasivo que hayas practicado y te reconforte. Así, desde el primer momento, vas integrando el amor propio en el proceso.

Luego, incluye una frase que te recuerde el componente de humanidad compartida. Algo así: «El sufrimiento forma parte de la vida. Muchas personas, en este momento, también están sintiendo algo parecido». Estas palabras nos ayudan a salir del aislamiento emocional, nos conectan con la realidad de que no estamos solos, de que el dolor también une.

Por último, llega el momento de sumar autoamabilidad. Puedes decirte esto: «Que pueda ser amable conmigo en este momento. Estoy aquí para mí. Soy merecedor de cuidado y de amor. Todo está bien porque estoy conmigo».

Ofrece a tu corazón aquello que de verdad necesita escuchar.

Como hemos visto, la autocompasión no solo tiene un lado más yin, de ternura y consuelo, también tiene un lado más yang, más activo, que nos impulsa a actuar, a tomar decisiones que alivien nuestro sufrimiento, sin caer en el victimismo ni en la resignación. Por eso, otra reflexión clave que puedes añadir es esta: «¿Qué necesito en este momento?, ¿Qué puedo hacer para sentirme un poco mejor?».

Ojo: esto no quiere decir que tengas que hacer algo de inmediato para *arreglar* lo que te pasa. A veces, simplemente lo que necesitas es esperar. Tener paciencia. Sentarte contigo y acompañarte. No se trata de forzar una solución, sino de estar presente con lo que hay.

> La autocompasión no busca *sanar* lo que ocurre. Su verdadero propósito es acogernos amorosamente mientras estamos atravesando el dolor, aliviar el sufrimiento que está causando ese dolor.

Una forma de integrar todo esto puede ser con una frase como esta: «Esto me duele. No estoy solo en el mundo sintiendo este dolor. ¿Cómo puedo tratarme con amor ahora mismo?». Cierra los ojos, conecta contigo y deja que tu corazón diga lo que necesita oír. Escríbelo, guárdalo y tenlo a mano para cuando lo necesites. Ese mantra puede convertirse en un refugio, en una guía para momentos oscuros.

CÓMO CAMBIAR LA VOZ AUTOCRÍTICA

El primer paso para cambiar esa voz tan dura que a veces aparece en nuestra cabeza es darse cuenta de que está ahí. Suena simple, pero no siempre lo es. Un truco que a mí me ayuda mucho es que, cuando noto que algo me ha sentado mal, paro un momento y me pregunto: «¿Qué me acabo de decir?».

Intenta observar con claridad qué palabras utilizas contigo, qué tono tienen, cómo suenan. Y, ojo, hay una diferencia enorme entre decirte: «Soy tonta» o «Nunca seré válida» y «Hoy cometí un error» o «Esto no me ha salido bien».

La primera opción es una crítica a tu *ser*, a lo que eres. La segunda, a un acto puntual, al *hacer*. La diferencia no es solo semántica: la primera hiere profundamente y daña tu autoestima. La segunda es más realista, más compasiva, más funcional.

Cuando te des cuenta de que te estás hablando así, no caigas en el error de criticarte por criticarte. Esto es muy habitual en personas muy autoexigentes o perfeccionistas: al detectar su voz dura, la usan para juzgarse aún más. Esto genera todavía más malestar.

En lugar de eso, haz como propone la Dra. Kristin Neff: habla con tu voz autocrítica desde un lugar más amable. Puedes decirle algo así: «Sé que estás intentando protegerme, hacerme ver lo que no va bien y ayudarme a mejorar, pero tus palabras tan duras no me ayudan, me están haciendo daño. Por favor, baja el tono. Puedo aprender sin necesidad de castigarme así».

Después, cambia el chip y háblate con cariño. No tiene que sonar empalagoso ni forzado. Busca palabras que te resulten honestas y reconfortantes. Si no te sale espontáneamente, de nuevo, puedes imaginar qué le dirías a un amigo querido o incluso a tu hijo en esa misma situación. Esa mirada compasiva hacia los demás también puede servirte como espejo.

También me parece importante saber que no podemos evitar esta voz autocrítica. Tampoco los pensamientos dolorosos o los juicios que aparecen en nuestra mente. Estos pensamientos, este diálogo interno, se generan de forma espontánea. No están bajo tu control. Resistirte a ellos puede empeorar la situación.

Un experimento muy conocido del profesor Daniel Wegner, de la Universidad de Harvard, demuestra esto. Pidió a un grupo de personas que intentaran no pensar en un oso blanco durante cinco minutos. Si el oso aparecía en su mente, tenían que tocar una campanita. El resultado: ¡la campanita no paró de sonar! Cuanto más intentaban evitar el pensamiento, más aparecía.

> La conclusión fue clara: cuanto más intentamos suprimir un pensamiento, más presente se vuelve. Así que no se trata de luchar contra lo que pensamos, sino de relacionarnos con ello desde un lugar más consciente y amoroso.

Y quizá desde ahí, puede suceder algo increíble: que cada vez aparezcan menos pensamientos autodestructivos o hirientes.

Escuchar meditaciones de compasión o de bondad amorosa

Escuchar este tipo de meditaciones puede ser una gran opción. Según los estudios:

- Aumentan la compasión. Se activan las regiones cerebrales de la compasión y autocompasión.

- Aumentan la oxitocina y la serotonina en el cerebro.
- Favorecen la plasticidad neuronal (resiliencia).
- La amígdala se atenúa. La ínsula está más activa.
- Aumentan el vocabulario *social* y reducen el lenguaje autocentrado.
- Disminuyen la autocrítica y el autojuicio.
- Te llevan a estados emocionalmente positivos.
- Ayudan a saber poner límites personales sanos.
- Disminuyen el estrés ante situaciones *amenazantes*.
- Aumentan la capacidad de leer la mente de los demás (ToM)
- Ayudan a entender la universalidad del sufrimiento.
- Fomentan un estado de aceptación interno.
- Promueven mejor regulación emocional y gestión del estrés.
- Reducen la inflamación, reducen el cortisol.
- Reducen la ansiedad y la depresión.

CAPÍTULO IX

EXTRAPODER.
Autocuidado

El de la paella como acto de autocuidado

Yo tuve una época en la que decidí cuidarme en serio. Pero en serio, ¿eh? Nada de medias tintas. Iba a ser *mi gran transformación*: cuerpo sano, mente zen, alma equilibrada. Vamos, lo más parecido a un monje…, pero con Spotify Premium.

El primer día me levanté temprano, preparé un batido verde —espinacas, pepino, jengibre y algo que sabía a arrepentimiento líquido— y me dije: «Esto es el principio de mi nueva vida». A los cinco minutos ya estaba pensando en tostadas con mantequilla. Pero resistí. Me puse ropa deportiva, salí a correr y me sentí como Rocky. Bueno…, como Rocky si se hubiera ahogado en la segunda cuesta.

Cuando llegué a casa, exhausto, me senté con una sensación de victoria espiritual. «Lo conseguí», pensé. Abrí Instagram y vi un tipo haciendo yoga en la playa al amanecer con el hashtag #disciplinaygratitud. Y yo, con la cara roja y las piernas temblando, solo pude pensar: «Yo también tengo gratitud…, pero ahora mismo por mi sofá». A mediodía comí quinoa, aguacate y pollo a la plancha. Por dentro lloré. Y por la tarde, medité. Bueno, *meditar*…, me dormí con un audio de meditación puesto. Pero, eh, técnicamente mi cuerpo entró en un estado de calma profunda.

El problema vino el fin de semana. Porque claro, llega el sábado, te invitan a una paella con amigos y… ¿qué haces? ¿Llevas tu táper de quinoa? Por favor, hay que tener dignidad. Yo dije: «No pasa nada, Ferran, equilibrio. Paella sí, pero sin postre». A los veinte minutos estaba comiendo crema catalana y brindando con cerveza. Y en ese momento lo vi claro: «Esto también es autocuidado». Porque sí, comer sano, hacer deporte y dormir bien está genial, pero el alma también necesita su tapa de calamares y su sobremesa con risas. Y no hay *superfood* que compita con eso.

Yo he llegado a la conclusión de que cuidarse no es vivir en una dictadura del bienestar. No hace falta levantarse a las seis a meditar sobre el propósito de la vida mientras haces un batido con chía y lágrimas de unicornio. Cuidarse es escuchar al cuerpo y a la cabeza, pero también al corazón. Y a veces el corazón dice: «Hoy, paella y siesta». Y eso también está bien. Porque de qué sirve tener el cuerpo de un atleta si tu alma tiene hambre. Yo prefiero tener una tripa feliz que unos abdominales tristes.

Con los años he aprendido que el verdadero autocuidado no es obsesionarte con hacerlo todo perfecto, sino cuidarte lo suficiente como para poder disfrutar de la vida sin remordimientos. Correr, sí. Pero también reírte, comer bien, dormir, tomarte una caña al sol y dejarte un ratito para no hacer nada.

Cuidarse no es renunciar: es encontrar el punto justo entre la quinoa y la croqueta. Entre el gimnasio y la sobremesa. Entre el *mindfulness* y el comecocos mental. Y cuando logras ese equilibrio —cuando eres capaz de correr por la mañana y brindar por la tarde—, ahí sí, amigo mío, ahí estás cuidando el cuerpo y el alma a la vez.

Autocuidado

Decir que la felicidad solo depende del cerebro sería simplificar demasiado. Existen muchas otras variables que forman parte, entre ellas el cuerpo. El cuerpo juega un papel fundamental. De hecho, se cree que la información que envía el cuerpo al cerebro es incluso más relevante que la que recibe de él. Hay muchas más conexiones del cuerpo al cerebro (aferentes) que a la inversa (eferentes).

La ciencia lo confirma: hay una comunicación constante cuerpo-cerebro. Primero fue el descubrimiento del eje intestino-cerebro, que reveló cómo la alimentación afecta directamente al estado mental y emocional. Después vino el eje músculo-cerebro, que mostró que la masa muscular y el ejercicio físico también influyen en nuestra salud cerebral. Y actualmente se estudian otros muchos ejes: corazón-cerebro, útero-cerebro, piel-cerebro, salud dental-cerebro, entre otros.

Cuidar el cuerpo es cuidar la mente. Un cuerpo sano nos da más energía, mejora nuestro estado de ánimo y fortalece nuestro bienestar general. O dicho de otro modo: en un cuerpo agotado o enfermo, es muy difícil que exista una mente sana y en calma.

Por eso, antes de cerrar este viaje, es necesario hablar del estilo de vida más favorable para nuestro cerebro. Pero antes, una aclaración importante:

> Sabemos que la presión por *vivir de manera saludable* puede abrumar. Hay demasiados consejos, rutinas y hábitos que seguir, y es natural no poder con todo. No se trata de hacerlo perfecto, sino de hacerlo *suficientemente bien*.

Esto ya lo dice muy bien Ferran en la introducción de este capítulo. Incluso, como primer paso, puede ser suficiente dejar de hacer lo que más nos daña. Por ejemplo, tal vez no logres llenar tu dieta de frutas y verduras de un día para otro. Pero si consigues reducir el consumo de ultraprocesados, ya es un gran avance. La idea no es exigirte más de la cuenta, sino dar pequeños pasos sostenibles que cuiden de ti sin castigarte en el intento.

Antes de seguir, hay algo fundamental que quiero que recuerdes: todo lo que compartiré sobre hábitos saludables está basado en estudios y estadísticas, pero no en verdades absolutas. Los datos son orientativos, no reglas grabadas en piedra. Por ejemplo, la ciencia dice que dormir entre siete y ocho horas es lo ideal para la mayoría de los adultos..., pero quizá tú no eres la mayoría y necesitas nueve horas, o puede que con seis ya estés bien. Así que no tomes estas recomendaciones como normas rígidas, sino como guías para que experimentes y descubras lo que realmente te sienta bien a ti. Al final, la única medida perfecta es la que encaja contigo.

¿Qué opinas de esto, Ferran? Sé de sobra que has pasado por esa etapa de cumplir a rajatabla los hábitos que, según cuentan, te tienen que ir bien y que los has ido modificando, escuchándote. ¿Es así?

Exacto, totalmente. Hubo una época en la que me tomé lo de *tener hábitos saludables* como si fuera una religión. Me levantaba a las seis de la mañana, hacía meditación, *journaling*, ducha fría, estiramientos... Parecía más un campamento militar que una rutina de bienestar. Y claro, lo que empezó como un intento de cuidarme acabó convirtiéndose en otro motivo más para exigirme.

Con el tiempo me di cuenta de que no todos los hábitos funcionan igual para todo el mundo y que el bienestar no puede medirse por la cantidad de rutinas que cumples, sino por cómo te sientes mientras las haces. Empecé a escucharme más: algunos días necesitaba meditar, otros dormir media hora más, y otros simplemente quedarme en pijama y ver una película vieja.

Ahora lo veo así: los hábitos están para ayudarte, no para castigarte. Si se convierten en otra fuente de culpa, pierden completamente su sentido. El cuerpo y la mente no son máquinas, y la verdadera disciplina, al final, está en saber cuándo parar.

Así que sí, pasé por esa fase de manual de autoayuda con cronómetro, y hoy sigo cuidándome..., pero a mi manera. A veces con deporte, a veces con pizza. Porque la paz interior también necesita hidratos de carbono.

Antes de hablar sobre estilo de vida, quiero recordarte que, si decides introducir hábitos saludables en tu rutina, no lo hagas solo por miedo a enfermar, envejecer mal o sentirte mal. Hazlo también —y sobre todo— por amor a ti mismo.

Comer mejor, descansar más, moverse, tener una vida más equilibrada... son formas de autocuidado, de decirte con hechos: «Me importo». No es una obligación, es un regalo. Cada pequeño hábito saludable que adoptas es una manera de practicar el autoamor. Además, cuando haces lo que dijiste que ibas a hacer, tu cerebro recibe un mensaje muy poderoso: «Soy importante para mí». Ese pequeño acto de coherencia fortalece tu autoestima y tu valor personal.

Así que, si te apetece, vamos a ver ahora lo que dice la neurociencia sobre cuatro grandes pilares: nutrición, descanso, trabajo y movimiento. No te agobies, solo es un resumen con lo esencial; si quieres profundizar, puedes leer *El cerebro de la gente feliz* o *Neurocuídate*, donde exploro estos temas más a fondo.

Comer bien para cuidar tu cerebro (y tu ánimo)

Antes de empezar. ¿Qué crees, Ferran, que tienes que comer para tener un cerebro feliz?

Pues mira, si te soy sincero, durante años pensé que para tener un *cerebro feliz* había que comer como un monje zen: aguacates, semillas imposibles de pronunciar y batidos verdes que saben a césped recién cortado. Y lo intenté, ¿eh? Me monté unos desayunos tan sanos que daban ganas de pedir cita con el dietista solo por que los viera. Pero luego entendí que la felicidad cerebral también pasa por el placer, no solo por la pureza.

Hoy creo que un cerebro feliz necesita comer con sentido común, pero también con alegría. Que está bien cuidar el intestino, pero sin torturar el alma. Comer cosas que te nutran y, de vez en cuando, cosas que te abracen. Porque, seamos sinceros, no conozco a nadie que haya alcanzado la paz interior con una ensalada de kale. Así que sí: frutas, verduras, frutos secos, pescado azul, todo eso está muy bien. Pero también está bien un trozo de pan con tomate, un café con alguien que te cae bien o una cena que te devuelva la sonrisa. El cerebro feliz no solo se alimenta de nutrientes, se alimenta de momentos, así lo veo yo.

Y si algún día me paso un poco con el chocolate..., bueno, que me quiten lo bailao. Al fin y al cabo, la dopamina también tiene derecho a celebrar.

Pues no vas nada mal encaminado. Pero sí es cierto que los estudios nos indican todo aquello que nos conviene reducir y lo que deberíamos aumentar. Empezamos por lo que conviene reducir si queremos un cerebro más sano y feliz.

El consumo excesivo de azúcar, sal y grasas saturadas altera tu sistema nervioso, aumenta el estrés y sube el cortisol, la hormona del *modo amenaza*. También hay que tener cuidado con las bebidas estimulantes como el café. Este, tomado con moderación (una o dos tazas al día), puede ser beneficioso: mejora la atención y la motivación, gracias a la dopamina y la noradrenalina, y contiene polifenoles, que reducen la inflamación. Pero si abusamos, pueden aparecer ansiedad, irritabilidad, insomnio o bajones de ánimo cuando su efecto desaparece. Si estás pensando en dejarlo, ten en cuenta que puede costar una o dos semanas adaptarte: es normal sentir un pequeño *mono* mientras tu cerebro se reajusta.

Glucosa

Tu cerebro necesita glucosa para funcionar, pero eso no significa que tengas que tomar azúcar. Muchos alimentos que comemos ya se transforman en glucosa. Lo importante es cómo llega esa glucosa al cerebro:

- Si tomas productos como pan blanco, bollería o refrescos, el subidón es rápido..., pero también el bajón.
- En cambio, alimentos como avena, legumbres o pan integral liberan glucosa poco a poco, manteniendo tu estado de ánimo estable y tu atención constante.

Grasas

También necesitas grasas para tener un cerebro ágil y sano: ayudan a formar las membranas de las neuronas y mejoran la conexión entre ellas. Eso sí, no todas las grasas valen:

- Evita o reduce las grasas malas: saturadas (embutidos, mantequilla, bollería...) y trans (procesados).
- Busca las grasas buenas: el aceite de oliva virgen extra, los frutos secos, el aguacate o el pescado azul (salmón, atún...).

Una mención especial para las grasas Omega-3. Son buenísimas para tu estado de ánimo, ya que ayudan a regular la serotonina (la hormona de la felicidad). Una dieta baja en Omega-3 se ha asociado con mayor riesgo de ansiedad, depresión o cambios de humor. Las nueces, pipas de calabaza y algas las contienen.

Comer para nutrir el cerebro y el estado de ánimo

Además de prestar atención a lo que conviene reducir o evitar en nuestra dieta, es igual de importante saber qué alimentos pueden ayudarnos a construir un cerebro más sano y una mente más equilibrada. Algunos nutrientes son verdaderos aliados de nuestro bienestar, tanto físico como emocional, y la ciencia lo corrobora una y otra vez.

Por ejemplo, el magnesio es esencial para relajar tanto el sistema nervioso como el muscular, y junto con el zinc, mejora el funcionamiento del cerebro. Podemos encontrarlo en alimentos como las pipas de calabaza, las almendras, el aguacate o las espinacas.

Los flavonoides, por su parte, son antioxidantes naturales con efectos antiinflamatorios. Ayudan a proteger el cerebro del envejecimiento, mejoran la memoria, la agilidad mental y elevan el estado de ánimo al favorecer la producción de neurotransmisores como la serotonina y la dopamina. Los encontramos en frutas del bosque como los arándanos, pero también en verduras como el brócoli o las espinacas, en el cacao puro, el té verde o incluso en el vino tinto (siempre con moderación).

El triptófano es otro de esos grandes conocidos. Es un aminoácido esencial que ayuda al cuerpo a producir serotonina, esa sustancia tan relacionada con el buen humor y la estabilidad emocional. Podemos incorporarlo a través de alimentos como el plátano, los huevos o los lácteos.

La vitamina C, además de su papel antioxidante, también influye en nuestro equilibrio emocional: participa en la síntesis de serotonina, dopamina y noradrenalina, y ayuda a reducir los niveles de cortisol. Está presente en frutas como el kiwi, las fresas o las naranjas, y en verduras como el brócoli.

La tirosina, otro aminoácido fundamental, es precursora de la dopamina, por lo que influye directamente en nuestra motivación y energía mental. Se encuentra en proteínas como carnes, pescados, huevos, legumbres y frutos secos.

La vitamina B6 colabora en la producción de neurotransmisores clave como el GABA, la serotonina y la dopamina, fundamentales para el equilibrio emocional. Puedes encontrarla en alimentos como el plátano, el aguacate, el pollo o los garbanzos.

La vitamina B12 es esencial para mantener la energía mental y regular el sistema nervioso. Está presente en alimentos de origen animal como la carne, el pescado, los huevos o los lácteos, por lo que en dietas vegetarianas o veganas puede ser necesario algún tipo de suplementación.

La vitamina E, otro potente antioxidante, protege a las neuronas del daño oxidativo. La encontramos principalmente en frutos secos y semillas.

También la vitamina B9 (ácido fólico) ayuda a la producción de serotonina y dopamina, y está presente en verduras como las espinacas, el brócoli, el aguacate o los espárragos.

La vitamina D cumple un rol neuroprotector y participa en la plasticidad sináptica, la comunicación neuronal y la regulación inflamatoria. Además de obtenerla mediante pescados grasos, la mejor fuente sigue siendo la exposición solar moderada y regular.

La colina, presente en alimentos como los huevos, es esencial para la producción de acetilcolina, un neurotransmisor que influye en el aprendizaje, la memoria y la regulación emocional.

También minerales como el potasio, el sodio, el calcio o el yodo juegan un papel importante en la salud cerebral.

Como ves, lo que comemos tiene un impacto profundo, y elegir bien no se trata solo de cuidar el cuerpo, sino también de cuidar la mente.

Por último, algo tan simple como mantenernos bien hidratados puede tener un impacto significativo. Beber al menos dos litros de **agua** al día ayuda a mantener la claridad mental, mejora el rendimiento cognitivo y favorece el estado de ánimo al facilitar la producción de neurotransmisores y reducir el cortisol. La deshidratación, en cambio, puede afectar nuestro nivel de energía, concentración y estabilidad emocional.

Dicho esto, y después de ver tantas listas de nutrientes, es normal que te sientas un poco perdido o que te preguntes: «Pero, entonces,

¿cómo debería comer en el día a día?». No te preocupes, vamos a simplificar.

Según la mayoría de los estudios actuales, la dieta más completa y beneficiosa para el cerebro y el estado de ánimo es la dieta mediterránea.

No solo ha sido reconocida por sus efectos positivos en la salud cardiovascular, sino también por su impacto en la salud mental. Este tipo de alimentación incluye —en equilibrio— frutas, verduras, legumbres, cereales integrales, frutos secos, aceite de oliva virgen extra, pescado azul y, en menor medida, carnes magras y lácteos. En esencia, incorpora todos los nutrientes que hemos ido comentando a lo largo del capítulo, de una forma práctica, sostenible y sabrosa.

Vale, esto me interesa mucho. Déjame colarme aquí porque en el show en teatros siempre hago mucha coña sobre qué es la dieta mediterránea. Ya sé lo que nos vas a contar, Sara, y así es. Pero hay una parte, a mi modo de ver más emocional, que creo que también forma parte de nuestra dieta mediterránea.

Todo el mundo habla de la dieta mediterránea, pero nadie parece tener claro qué demonios es exactamente. Yo también caí en la trampa: pensé que era sinónimo de comer sano, de cuidarse, de tener el corazón feliz y el colesterol en modo zen. Luego descubrí que, en realidad, la dieta mediterránea es... la de toda la vida. La de nuestras abuelas. La que huele a ajo, pan y tomate.

Para mí, la dieta mediterránea no es solo una lista de superalimentos, sino una forma de comer con sentido común y con placer. Es cocinar sin prisa, comer con gente y no tratar la comida como si fuera una fórmula química. Es fruta, verdura, pescado, aceite de oliva, legumbres, pan... y, sí, también vino. Moderado, pero vino.

Lo que pasa es que últimamente la hemos retorcido tanto que parece una competición de *quién sufre más por comer bien*. Gente pesando las nueces, contando los garbanzos..., y luego se preguntan por qué están estresados. La verdadera dieta mediterránea no se mide en calorías, se mide en sobremesas, en charlas largas, en pan para mojar, en risas entre plato y plato.

Así que, desde mi experiencia personal —y probablemente la de cualquiera que viva aquí—, la dieta mediterránea es equilibrio: comer cosas que te nutran y cosas que te hagan feliz. Un cerebro feliz necesita Omega-3, claro, pero también necesita croquetas de vez en cuando.

En resumen: la dieta mediterránea no es un sacrificio, es un homenaje. A la comida, a la compañía y a la vida con sabor. Lo otro —las restricciones, los batidos verdes y los suplementos milagrosos—, eso ya no es dieta mediterránea, eso es religión.

LA DIETA MEDITERRÁNEA Y JAPONESA: ALIMENTOS QUE CUIDAN TU CEREBRO

La dieta mediterránea es un auténtico tesoro para nuestra salud. Sus beneficios no se quedan solo en lo físico: protege el corazón, mejora el metabolismo, refuerza el sistema inmune y actúa como un potente escudo neuroprotector. Sin embargo, la ciencia dice que es importante no confundirla con la versión más tradicional que muchos hemos conocido, en la que el pan blanco o la carne estaban muy presentes (lo siento, Ferran, si aquí te llevo un poco la contraria). La verdadera esencia de esta dieta se basa, sobre todo, en vegetales: muchas verduras, frutas y hortalizas, junto con un consumo moderado de lácteos, carnes rojas, azúcares refinados y productos procesados.

Una de sus grandes joyas es el aceite de oliva virgen extra (AOVE), un auténtico superalimento. Su efecto antiinflamatorio, su capacidad para mejorar el rendimiento mental y su papel en la prevención del deterioro cognitivo lo convierten en un ingrediente esencial para cualquier cerebro que quiera mantenerse sano y activo.

Ahora bien, una cosa es cierta en lo que explicaba Ferran: hay muchos estudios que muestran cómo nuestra calidad de vida mejora cuando comemos acompañados con frecuencia. El estado emocional con el que comemos afecta a nuestra digestión, a nuestro cerebro. Procesamos mejor los alimentos cuando estamos tranquilos, cuando nos sentimos bien. Compartir comidas con los demás puede favorecer este estado, además de que ayuda a aumentar la sensación de pertenencia y reducir la sensación de soledad, lo que se relaciona con menos depresión y ansiedad.

Comer en familia, de hecho, se ha demostrado que mejora el rendimiento académico en los niños y su salud emocional en general. Ahora, es cierto que si las personas con las que comes siempre eligen opciones alimentarias poco saludables, desaparecen los beneficios. O como veremos más adelante, a veces comer en grupo te lleva a comer de manera menos consciente y a comer más de la cuenta.

Dicho esto, para no centrarnos únicamente en nuestra tradición culinaria, conviene mencionar también el valor de la dieta japonesa, muy bien considerada en el ámbito científico. Esta alimentación, cercana al modelo vegetariano-pescetariano, destaca por su alto contenido en fibra y su inclusión habitual de alimentos fermentados, grandes aliados de la salud intestinal y también de la memoria. No es casualidad que lugares como Okinawa, en Japón, sean conocidos por su alta esperanza de vida: más de ochenta y tres años de media.

Y si te estás preguntando cómo aplicar todo esto de forma sencilla y visual en tu día a día, una buena guía es la conocida regla del plato de Harvard. Según esta recomendación, la mitad del plato debería estar compuesta por frutas y verduras; un cuarto por proteínas saludables como legumbres, pescado o huevos; y el otro cuarto por cereales integrales. Como toque final, se aconseja añadir grasas saludables como el AOVE o un poco de queso.

CUIDAR TU MICROBIOTA: UN CAMINO HACIA LA MENTE CLARA Y FELIZ

En nuestro intestino habita un universo diminuto y fascinante: la microbiota intestinal, un conjunto de microorganismos —en su mayoría bacterias— que tiene un papel protagonista en la comunicación entre el intestino y el cerebro. No se trata solo de digestión: estas bacterias influyen en el neurodesarrollo, la producción de neurotransmisores como la serotonina y en el rendimiento cognitivo. De hecho, estudios con animales a los que se les eliminó la microbiota mostraron que su capacidad de aprendizaje se redujo significativamente. Además, la microbiota protege al cerebro de la neuroinflamación, un fenómeno que puede aparecer cuando el intestino está inflamado. Y cuando eso ocurre, lo notamos: embotamiento mental, cambios de humor, dificultad para concentrarnos o incluso problemas de sueño. Lo que comemos, en definitiva, puede marcar la diferencia entre una mente nublada o una mente lúcida y alegre.

¿Qué alimentos reducir y cuáles incorporar?

Evita o reduce en tu dieta:

- Ultraprocesados.
- Azúcar refinado y edulcorantes artificiales.
- Carnes rojas en exceso.
- Embutidos y quesos muy grasos.

Alimentos que fortalecen tu microbiota:

- Fibra: presente en frutas, verduras, legumbres y cereales integrales.
- Fermentados: kéfir, kombucha, tempeh, vinagre de manzana... también vinculados con una mayor longevidad.
- Almidón resistente: plátano verde, patatas, boniato o arroz refrigerados al menos veinticuatro horas.
- Polifenoles antioxidantes: cacao puro, frutos rojos, uvas, alcaparras, té matcha...
- Cúrcuma y té verde: grandes antiinflamatorios naturales.
- Otros alimentos clave: puerro, cebolla, espárragos, alcachofas, avena...
- Y, por supuesto, Omega-3: pescado azul, semillas de lino, nueces, algas...

Además, lo más importante, varía tu alimentación. Una microbiota diversa es una microbiota saludable. Dietas muy restrictivas o de moda, como la keto o la vegetariana estricta (si no están bien planteadas), pueden alterar ese equilibrio y reducir la variedad bacteriana, lo que impacta en tu salud física y mental. Dale color, variedad y equilibrio a tu plato. No es solo lo que comes, sino cómo vives.

> El estilo de vida también impacta directamente en tu microbiota. El ejercicio físico, practicado de forma moderada y regular, mejora la diversidad de bacterias buenas. Pero, cuidado, el exceso de ejercicio intenso también puede tener efectos negativos, igual que el sedentarismo.

Dormir bien, descansar y reducir el estrés es otro pilar. El estrés crónico, a través del aumento del cortisol, puede empobrecer tu microbiota y generar desequilibrios internos. Incluso la contaminación ambiental y electromagnética se ha relacionado con alteraciones bacterianas intestinales. Cuidarte también implica cuidar el entorno que te rodea.

Algunas recomendaciones prácticas

- Evita abusar de los alimentos muy sabrosos pero poco nutritivos, como los ricos en azúcar, grasa o calorías vacías. Activan fuertemente el sistema de recompensa del cerebro, generan dopamina en exceso y pueden volverse adictivos. Comer por impulso, sobre todo en momentos de estrés, no es un fallo moral: es un reflejo biológico. Pero con conciencia, se puede cambiar.
- No comas con el piloto automático puesto. Comer mientras ves el móvil, lees, trabajas o hablas intensamente puede hacer que ignores tus señales de saciedad. La corteza prefrontal, clave para regular el impulso, no está presente si no prestas atención. Comer de forma consciente es una gran herramienta para regular la relación con la comida.
- Mantén horarios regulares para tus comidas. El sistema digestivo y la microbiota también tienen su ritmo. Saltarse comidas o comer de forma desorganizada puede afectar tanto la digestión como la estabilidad emocional. Idealmente, concentra la ingesta en las horas de luz solar y evita cenar muy tarde (al menos dos horas antes de dormir).
- Haz de la cena un momento nutritivo y placentero pero ligero. Por la noche, el cuerpo busca recompensa tras el esfuerzo del día, y es normal tener más ganas de alimentos sabrosos. Por eso es buena idea preparar cenas apetecibles, con alimentos saludables y cocinados de forma fácil de digerir.

¿Y el ayuno?

El ayuno intermitente está generando mucho interés en el mundo de la neurociencia. Ayunos de doce a dieciocho horas (por ejemplo, cenar pronto y desayunar algo más tarde) han mostrado beneficios como:

- Mejora de la plasticidad neuronal.
- Mayor neurogénesis (nacimiento de nuevas neuronas).
- Regulación del estrés celular.
- Incremento de serotonina y GABA, promoviendo calma y claridad.
- Reducción de la neuroinflamación, clave para prevenir enfermedades neurodegenerativas.
- Mejora de las funciones cognitivas como la memoria y el aprendizaje.

Pero, atención, el ayuno no está recomendado si estás atravesando estrés, ansiedad o has tenido un trastorno de conducta alimentaria. Como siempre, la clave es escuchar al cuerpo y adaptarlo a tu realidad.

CÓMO MOVERNOS: EL CUERPO EN ACCIÓN, EL CEREBRO AGRADECIDO

Tú no lo sabes, pero este es el punto débil de mi amigo, lo sé porque siempre le veo luchando contra él mismo para ir al gimnasio. Y sé que lo intenta y lo consigue, pero sé cuánto le cuesta. Así que empezaré esta sección preguntándole a él. ¿Cómo consigues hacer ejercicio, Ferran? A lo mejor le das alguna idea a alguien a quien le gusta tan poco como a ti.

Cómo lo sabes, ¿eh? Pues sí, hacer ejercicio para mí es una relación de amor-odio…, pero con más odio que amor. Siempre me ha costado. Hay días que miro las zapatillas y siento que me están mirando ellas a mí, como diciendo: «Venga, campeón, inténtalo otra vez».

Durante mucho tiempo creí que la clave era la motivación, pero no: la clave es la resignación. No voy al gimnasio porque me apetezca, voy porque sé que, si no, acabaré convertido en un mueble. Y, oye, reconozco que después de hacerlo me siento bien..., aunque nunca tanto como esos fanáticos del deporte que dicen: «Me cambia el humor». A mí me cambia, sí, pero de cansado a exhausto.

He probado de todo: salir a correr, apuntarme a clases, hacer yoga en casa con vídeos de YouTube..., y siempre acabo con una mezcla entre dolor físico y existencial. Pero he aprendido algo: el truco está en no pensarlo demasiado. Si pienso, no voy. Así que no pienso: me pongo las zapatillas, salgo, y ya está.

Y lo que realmente me funciona es cambiar la meta: no hago ejercicio para estar fuerte ni por estética, sino para que mi cabeza se ordene. Para mí, mover el cuerpo es la forma más honesta de callar al cerebro un rato. Es mi versión física del modo avión. Eso sí, hay días en que me cuesta tanto que tengo que negociar conmigo mismo. «Venga, Ferran, veinte minutos y luego una cerveza». Y, oye, funciona. Hacer ejercicio no me convierte en mejor persona, pero me mantiene lo bastante cuerdo como para no discutir conmigo mismo por segunda vez.

Mover el cuerpo no es solo cuestión de salud física. Cada vez más estudios apuntan a que el ejercicio tiene efectos profundos, duraderos y transformadores sobre nuestro cerebro. No solo lo cuida, sino que lo mejora. El movimiento, en sus distintas formas, es una herramienta poderosa de bienestar integral.

¿Qué le ocurre a nuestro cerebro cuando nos movemos?

- Aumenta la plasticidad cerebral, sobre todo en el hipocampo, zona clave para la memoria y el aprendizaje. El ejercicio aeróbico —ese que nos hace sudar— es especialmente eficaz aquí.
- Fortalece la corteza prefrontal (CPF), responsable de funciones como la atención, la autorregulación y la toma de decisiones. El ejercicio de fuerza es el que más conectividad parece promover en esta región.
- Al hacer ejercicio, se activa el circuito de recompensa: se liberan dopamina y endorfinas, con lo que mejoran el estado de ánimo y la motivación. Curiosamente, incluso anticipar la actividad física genera ya un aumento de dopamina.
- Aumenta el flujo sanguíneo al cerebro, lo que se traduce en más oxígeno, más nutrientes y mejor eliminación de toxinas. Esto reduce la inflamación y favorece un entorno ideal para que las neuronas funcionen a pleno rendimiento.
- Mejora la velocidad de procesamiento, la concentración y la memoria. En definitiva, nos volvemos más ágiles mentalmente.
- Previene el deterioro cognitivo, protege frente a enfermedades neurodegenerativas y está asociado con una mayor longevidad.
- Estimula la producción de neurotransmisores implicados en el bienestar: opioides endógenos, endocannabinoides, dopamina, serotonina y noradrenalina.
- Disminuye la actividad de la amígdala después de entrenar, lo que se traduce en menor reactividad emocional, menos miedos y menos estrés. Nos volvemos más resilientes.
- Favorece la liberación del neuropéptido, modula la respuesta de estrés y actúa como un ansiolítico natural.
- Regula el apetito y mejora la toma de decisiones alimentarias.
- Ayuda a dormir mejor y a regular los ritmos circadianos.

Recomendaciones prácticas para movernos mejor

La American College of Sports Medicine (ACSM) recomienda para adultos:

- 150 a 300 minutos de actividad aeróbica moderada por semana.
- 75 a 150 minutos de actividad vigorosa, o una combinación de ambas.
- Además, al menos dos sesiones semanales de fortalecimiento muscular.

Cuándo hacer ejercicio según el tipo de actividad

- Por la mañana: ideal para actividades que requieren coordinación y concentración. Nos ayuda a activarnos, mejora el estado de ánimo y favorece el foco mental.
- Por la tarde (entre las cuatro y las siete): momento óptimo para el ejercicio intenso, ya que la fuerza muscular y la temperatura corporal están en su pico (en personas con cronotipo estándar). También es una franja ideal para liberar tensiones del día.
- Evita ejercicio intenso antes de dormir, al menos en las dos horas previas.

Cómo integrar el ejercicio como hábito

- Elige una hora que te permita crear una rutina estable.
- Si puedes, hazlo cerca de casa.
- Apúntalo en tu agenda como cualquier otra cita importante.
- Compártelo con alguien: entrenar con un amigo o amiga lo hace más ameno.

- Date pequeñas recompensas y recuerda sus beneficios a largo plazo.
- Sé flexible y compasivo: si un día fallas, no pasa nada.
- Apunta al menos a 66 días seguidos para consolidarlo como hábito.

Más recomendaciones

- Si no tienes tiempo, muévete como puedas. Camina más, sube escaleras, haz pausas activas. Movernos con frecuencia en pequeñas dosis puede ser más beneficioso que una gran sesión de entrenamiento seguida de muchas horas sentados frente al ordenador.
- No se trata solo de aumentar el ejercicio, sino también de reducir el sedentarismo. Procura hacer un pequeño *break* cada hora: estírate, da unos pasos, respira profundamente. Tu cuerpo te lo agradecerá. Tu cerebro, aún más.
- No te flipes con el ejercicio físico. Existe la curva *hormética* del ejercicio físico. Esta curva muestra que, cuando hacemos ejercicio en dosis moderadas, se activan muchos procesos beneficiosos que se esfuman cuando nos pasamos. ¿Por qué? Porque el ejercicio también es un estrés para el cuerpo y el cerebro. Es un tipo de estrés adaptativo: si lo aplicamos en pequeñas dosis, nos fortalece; si es demasiado constante o intenso, se vuelve perjudicial. Así que sí, muévete. Hazlo con regularidad. No necesitas convertirte en atleta de élite. El secreto está en encontrar el equilibrio: entrenar con inteligencia, respetar los tiempos de descanso y escuchar al cuerpo.

MEJORAR EL DESCANSO

Dormir bien no es solo dormir muchas horas: es dormir con calidad. Pasar por todas las fases del sueño, respetar los ritmos naturales del cuerpo y levantarse descansado, sin necesidad de despertador, son señales de un sueño realmente reparador.

> La ciencia ha demostrado que dormir menos de cuatro horas o más de once de forma regular reduce significativamente la esperanza de vida.

El descanso insuficiente no solo afecta al cerebro, también debilita el sistema inmunológico, el cardiovascular y el endocrino. Dormir mal, día tras día, acorta la vida.

Durante el sueño profundo, el cerebro activa su sistema de limpieza (conocido como sistema glinfático) para eliminar los residuos acumulados durante el día. Al mismo tiempo, se consolidan los recuerdos, se asienta el aprendizaje, se regeneran neuronas y se sintetiza mielina, la sustancia que mejora la velocidad de comunicación entre las células nerviosas.

El sueño reajusta el equilibrio entre neuronas excitadoras e inhibidoras, favorece la plasticidad neuronal y actúa como un verdadero escudo neuroprotector frente a enfermedades como el Alzheimer.

Y no olvidemos el poder del sueño REM. En esta fase soñamos, el cerebro se desconecta de la lógica racional —la corteza prefrontal se apaga— y la amígdala se activa intensamente. Lo curioso es que en esta fase no se libera noradrenalina, así que revivimos las emociones con menos estrés. Por eso algunos científicos consideran que soñar es una forma de hacer *terapia nocturna*. Entre el 35 y el 55 por ciento de nuestras emociones y preocupaciones del día aparecen en nuestros sueños, lo que nos ayuda a procesarlas sin que nos desborden.

Dormir bien no es un lujo, es una necesidad biológica profunda. Y en ese silencio reparador de la noche, el cerebro hace su trabajo más valioso: repararse, aprender, consolidar recuerdos... y prepararse para volver a vivir.

Cómo favorecer el descanso

Dormir bien, sentirnos vitales y mantener el cerebro en forma no depende solo de lo que hacemos por la noche, sino también de cómo vivimos durante el día.

> El descanso no empieza cuando nos metemos en la cama, sino mucho antes. Es el resultado de cómo hemos cuidado nuestro cuerpo, nuestra mente y nuestros ritmos a lo largo de toda la jornada.

Cuidar la noche: higiene del sueño

Hay algunas pautas sencillas, aunque a veces olvidadas, que forman parte de una buena higiene del sueño. Quizá ya las conoces, pero no está de más recordarlas:

- Evita mirar pantallas al menos dos horas antes de dormir. La luz azul que emiten —en especial móviles, ordenadores y tabletas— confunde al cerebro y frena la producción de melatonina, la hormona que nos ayuda a conciliar el sueño.
- Mantén la habitación fresca, silenciosa y lo más oscura posible.
- Intenta irte a dormir todos los días a la misma hora, incluyendo fines de semana. Y sigue siempre la misma rutina antes de acos-

tarte. Cuanto más aburrida sea esa rutina, mejor: al cerebro le encantan los rituales predecibles para desconectar.

- Dos horas antes de dormir evita todo aquello que te active a nivel emocional o mental: conversaciones intensas, trabajo, decisiones importantes o contenido que te altere (series, noticias, redes...).

Cuidar el día: mantener el cerebro relajado y en hora

Una mente sobrecargada durante el día no podrá calmarse por la noche. Por eso, es fundamental darle al cerebro pequeños descansos, regular sus niveles de activación y respetar los ritmos biológicos. Veamos cómo hacerlo:

Relajar el cerebro durante el día

Una de las claves para descansar bien por la noche es aprender a relajarnos durante el día. Para ello, es importante:

- Reducir los quehaceres innecesarios. No sobrecargues la agenda.
- Aumentar los momentos de *relajación activa*.

¿Y qué significa eso de *relajación activa*? Se trata de realizar actividades que, de forma consciente, te conecten con la calma y la presencia. No es simplemente *tirarse a descansar*, sino elegir algo que ayude al cuerpo y a la mente a resetearse:

- Respirar profundo de uno a cinco minutos, tres veces al día.
- Realizar clases de yoga, danza, teatro o meditación.
- Escuchar una meditación guiada tipo *body scan* (relajación progresiva del cuerpo).

- Darse una ducha caliente, escuchar música suave, caminar sin prisa o hablar con alguien cercano.
- Visitar un spa, recibir un masaje o practicar cualquier actividad que relaje tu sistema nervioso y tu corteza prefrontal.

Por el contrario, existe la *relajación pasiva*: aquella que hacemos por inercia, buscando desconectar sin mucho esfuerzo. Aquí entran actividades tan variadas como mirar las redes sociales, hacer zapping, consumir alcohol, marihuana o simplemente caer en el sofá sin intención real de descanso. Aunque parezcan inofensivas, estas prácticas no permiten al cerebro bajar de revoluciones y a menudo lo sobreestimulan sin que lo notemos.

¿Qué impacto tienen las pantallas y las redes en el cerebro?

Es importante tener presentes algunos efectos que, aunque sutiles, tienen mucho peso en cómo descansamos y, al mismo tiempo, en nuestra salud mental:

1. No bajan las revoluciones mentales. Aunque mirar la televisión o el móvil puede parecer relajante, en realidad mantiene el cerebro en un estado de alerta (ondas beta), cuando lo que necesitamos para descansar son ondas alfa.
2. Las redes sociales generan estrés. Cada «me gusta», mensaje o notificación activa un pequeño pico de dopamina. Este tipo de placer inmediato puede crear ansiedad, dependencia y dificultar la relajación.
3. Hiperestimulación constante. Vivir con el móvil siempre cerca impide que el cerebro entre en verdadero reposo. Las notificaciones, incluso si no las abrimos, aumentan la impaciencia y la necesidad de estar constantemente haciendo *check* en las tareas pendientes.

4. Fomentan la multitarea. Hacer varias cosas a la vez sobrecarga al cerebro, reduce nuestra capacidad cognitiva y nos hace rendir hasta un 40 por ciento menos.

Ajustar tu ritmo circadiano

El cuerpo y el cerebro siguen ciclos naturales de veinticuatro horas, conocidos como ritmos circadianos. Para dormir bien, necesitamos estar *en hora* con esos ritmos. Algunas recomendaciones generales para el cronotipo más común son:

- Luz natural cada día. Al menos dos horas de exposición al sol regulan la producción de melatonina. Por la tarde-noche, sustituye luces blancas por luces cálidas.
- Rutinas constantes. Acuéstate y despiértate a la misma hora todos los días, también los fines de semana.
- Come a horas regulares. Especialmente la cena: ligera, cocinada y al menos dos horas antes de acostarte. Esto también beneficia a tu microbiota intestinal.
- Haz actividad física diaria. Al menos treinta minutos. Cuanto más se esfuerce el cuerpo durante el día, más *presión de sueño* acumularás, lo que facilita conciliar el sueño por la noche.

Pero, ojo, si haces ejercicio o tienes una jornada muy intensa cerca de la noche, eso puede dificultar el sueño. La hiperactivación —física o mental— eleva la temperatura corporal y cerebral, justo lo contrario de lo que necesitamos para dormir bien. Evita también estudiar, trabajar o tener conversaciones complejas en las dos horas previas a dormir.

¿Y la siesta?

Aunque hay cierta controversia en el mundo científico sobre sus beneficios, la mayoría de los estudios coinciden en que las siestas cortas, de unos quince o veinte minutos y antes de las tres o cuatro de la tarde, pueden ser muy beneficiosas. Ayudan a consolidar la memoria, mejoran el aprendizaje y promueven el bienestar emocional. En cambio, cuando la siesta se alarga y entramos en fases profundas del sueño, es más probable que nos despertemos con sensación de embotamiento mental. Además, las siestas largas pueden interferir con el sueño nocturno. La clave está en no llegar al sueño profundo durante la siesta.

No subestimes el descanso

Aunque no siempre se le da el valor que merece, el descanso es una de las claves para nuestro bienestar. Más aún si vives una vida acelerada o estresante. Dormir y descansar no es perder el tiempo; es recargar el cuerpo, regenerar el cerebro y restaurar los neurotransmisores que sostienen tu bienestar emocional.

Además, para pensar con claridad, mantener una actitud positiva y ser capaces de mirar el mundo desde una perspectiva más optimista y creativa, necesitamos una corteza prefrontal (CPF) activa y descansada. Esta parte del cerebro, tan importante para nuestra felicidad, es también una de las más sensibles al desgaste. La mente humana ha evolucionado durante millones de años centrada en la supervivencia, el peligro y los sesgos negativos. Por eso, funciones como la flexibilidad mental, la positividad o la creatividad, aunque necesarias para vivir bien, requieren más energía y atención consciente.

¿Y cómo se regenera esta parte del cerebro? Descansando. Por eso, cuidar el descanso no es solo un acto de autocuidado, sino también una inversión en tu salud mental, tu equilibrio emocional y tu felicidad.

Y, como cierre, recuerda estos tres enemigos del descanso:

TODO, YA, PERFECTO.

Cuando te exiges demasiado, cuando quieres hacerlo todo de golpe, sin pausa, y además perfecto, estás impidiendo que tu cuerpo y tu mente se relajen.

Aprender a soltar, a descansar y a no exigirnos tanto también forma parte del camino hacia una vida más plena y feliz.

Estudios hechos con personas que sufren *burnout* (el síndrome del trabajador cansado) muestran cómo en el cerebro se agotan neurotransmisores como la dopamina, la serotonina o la noradrenalina. Se reduce la capacidad de la corteza prefrontal, o sea, planificar, tomar decisiones o mantener la empatía se hace más difícil. El amor propio se deteriora. El disfrute se apaga.

Y ahí es cuando, buscando seguir rindiendo, entramos en dinámicas poco saludables: más café para aguantar, más pantallas o alcohol para evadirnos. En un estudio realizado con más de tres mil empleados, se vio que quienes sufrían *burnout* tenían un alto riesgo de desarrollar adicciones (un 50 por ciento en hombres y hasta un 80 por ciento en mujeres presentaban riesgo de alcoholismo).

A veces la clave no está en trabajar menos... sino en descansar mejor

En ocasiones no se trata de reducir la jornada laboral (o dejar de trabajar), sino de realmente usar el *ocio* como otra oportunidad para descansar. El ocio no es solo distracción, es también una forma de cuidar el cerebro, de resetear el sistema y ganar energía para volver a empezar. Dedicar tiempo al ocio consciente —actividades que nos nutren, nos relajan o nos conectan— es esencial para equilibrar la balanza.

Ya dijimos que la corteza prefrontal (CPF) es clave para que podamos ser felices, pero es una zona que demanda energía. Necesita descanso para funcionar correctamente. Es importante darle pausas al cerebro: parar, respirar, hacer una actividad que te relaje, jugar, dormir bien... Busca momentos de calma consciente, activa tu nervio vago (el que relaja tu cuerpo); todo esto ayuda a que esta zona se recupere y pueda volver a hacer su trabajo.

Para mí, una manera muy eficaz de saber cuándo descansar para encontrar el equilibrio es mediante el famoso sistema de regulación emocional de Paul Gilbert, padre de la Terapia Centrada en la Compasión. Este modelo recoge tres sistemas cerebrales clave (que ya conoces bien):

1. Sistema de amenaza (color rojo): el que se activa ante el peligro, con la amígdala al mando. Nos hace sentir alerta, con miedo, enfado o ansiedad.
2. Sistema de logro (color azul): el que nos impulsa a conseguir metas y buscar recompensas. Aquí el protagonista es el núcleo accumbens, el centro del deseo y la motivación.
3. Sistema de calma (color verde): el que nos ayuda a descansar, conectar y disfrutar del presente. Está asociado a la seguridad, el cariño y la regulación emocional.

¿CÓMO NOS REGULAMOS EMOCIONALMENTE?

Fuente: *The Compassionate Mind*, 2009

Nos pasamos el día en uno u otro. El problema no es estar en el sistema de amenaza (rojo) o de logro (azul), sino quedarnos atrapados demasiado tiempo en estos sistemas, sin dar espacio suficiente al sistema de calma. Nuestro estilo de vida moderno —acelerado, exigente y lleno de presiones— hace que estemos casi siempre en modo rojo o azul, corriendo para evitar lo que tememos o para alcanzar lo que deseamos.

Lo que nos suele costar más es parar, respirar, sentirnos seguros, conectar con nosotros mismos o con los demás. Necesitamos más verde en nuestra vida. Sin eso, no hay equilibrio, no hay regeneración, no hay felicidad. La pregunta es: ¿cómo consigues tú tener más verde en tu vida?, ¿qué te hace sentir bien, tranquilo, en calma, conectado con la vida? ¿Alguna de las cosas que te vienen a la mente están presentes en tus momentos de ocio?

Vale, en este último apartado permíteme que me cuele un momento. Me gustaría contaros qué es el ocio para mí. Porque yo era alguien que no lo sabía disfrutar hasta que me di cuenta de que el ocio, para mí, no era un lujo, sino una necesidad fisiológica, como dormir o tomar café. Durante años lo traté como un premio: me lo ganaba después de trabajar mucho, de ser productivo, de cumplir con todo. Hasta que entendí que sin ocio mi cabeza se vuelve una fábrica de pensamientos que no paran ni para comer.

El ocio me sirve para desconectar del modo *hacer* y volver al modo *ser*. Cuando no tengo momentos de ocio, mi cerebro empieza a funcionar como una reunión de vecinos: todo el mundo quiere hablar, nadie se escucha y al final no se arregla nada. Pero si me doy un rato para leer algo que me guste, ir al cine, pasear sin destino o simplemente estar con amigos, todo se recoloca.

También me he dado cuenta de que el ocio no tiene que ser espectacular. No necesito saltar en paracaídas ni hacer paddle surf al amanecer para sentirme vivo. A veces es una siesta (ya te digo, Sara, que, en mi caso, de veinte minutos nada, yo soy de pijama y orinal, que decía mi padre), una conversación absurda o reírme con una serie que ya me sé de memoria.

En resumen, el ocio me mantiene cuerdo, creativo y un poco más amable. Y lo defiendo como un acto de resistencia: en un mundo que te exige ser productivo cada minuto, parar para disfrutar es casi un gesto revolucionario. Y si a alguien le parece una pérdida de tiempo, le invito a que me vea después de tres días sin ocio…, garantizo que preferirá que me quede en el sofá viendo comedias.

Te leo, Ferran, y me encanta cómo has aprendido a disfrutar del ocio en tu vida, porque, como hemos visto, saber estar en el no hacer, saber descansar, es vital para poder recargar las pilas de nuestro cerebro y tener buen estado de ánimo. Aparte, ya vimos en el primer capítulo (y lo retomaremos en el siguiente) que no podemos perder de vista los placeres hedónicos. Sentir este tipo de placeres más sensoriales, degustarlos con medida, incrementa nuestra felicidad, nuestro bienestar, y son protectores de nuestra salud mental.

Está bien cuidarnos como *deberíamos* cuidarnos para estar lo más saludable posible, pero irnos al extremo es un error. Si caemos en la obsesión de llevar hábitos saludables, se vuelve más difícil disfrutar del descanso, del ocio, de los placeres hedónicos. No hay tiempo infinito. Una vida feliz quizá esté en encontrar este equilibrio de escuchar el cuerpo y la mente.

En este capítulo hemos escuchado mucho sobre qué necesita el cuerpo, desde nuestra mente. No olvides escuchar también tu cuerpo, qué le sienta bien. Quizá ahí reside el verdadero autocuidado.

CAPÍTULO X

Yo, si eso, ya me voy yendo

Porque a estas alturas del libro, después de tanto hablar de resiliencia, optimismo, amor, gratitud y de cruasanes sin remordimientos, siento que lo único honesto que me queda es hacer lo que hacemos todos cuando ya no sabemos qué más decir: mirar el reloj, dar dos palmadas en las piernas y soltar un «bueno, yo voy tirando».

La vida, en el fondo, es eso: una reunión larguísima de la que nadie sabe muy bien cuándo es apropiado levantarse. Te pasas los primeros años pensando que no empieza nunca, luego crees que tienes tiempo de sobra, y de repente ya estás recogiendo el abrigo. Y, mientras tanto, intentas no dormitar en medio de la charla.

Me pasa mucho en cenas con amigos. Ya nos hemos despedido tres veces, los abrigos puestos, las llaves en la mano..., y de pronto alguien suelta: «Espera, ¿os he contado lo de la mudanza del vecino?». Y ahí estamos otra hora más en la puerta, congelados, como si el rellano fuera una sala VIP.

Pues escribir este libro ha sido un poco eso: cada capítulo era un «espera, espera, una cosa más». Y claro, uno dice: «Ya me voy yendo», pero nunca se va del todo. Lo mismo pasa con la felicidad. Siempre decimos: «Ahora sí, ya la tengo», y... ¡*sorpresa*!, se escapa por la ventana, pero luego vuelve disfrazada: a veces como un café caliente, otras como una risa inesperada, y muchas como una siesta no planeada. El truco, creo, es no ponerse muy digno: la felicidad nunca llega en esmoquin, casi siempre viene en pijama.

Yo me he dado cuenta de que gran parte de mi vida la he pasado persiguiendo la felicidad como si fuera el autobús: corriendo, sudando, jadeando…, y cuando al fin lo alcanzas, descubres que era el equivocado. Y ahí estás, en Villaconejos del Medio, pensando: «Bueno, al menos me he puesto en forma». Por eso me gusta tanto la idea de «irnos yendo». Porque no es un portazo, no es un «aquí termina todo». Es más como dejar la puerta entreabierta, como cuando sales de casa, pero dejas el abrigo en la silla porque vas a volver. Yo siento que la vida debería vivirse así: sabiendo que todo tiene un final, pero sin dramatismos, como quien dice: «Bueno, si eso, seguimos otro día».

Ojo, que no digo que todo sea maravilloso. La vida es absurda, ya lo hemos hablado. Un mal chiste, que a veces duele y a veces te hace reír. Pero precisamente por eso el humor importa tanto: ya sabemos que el guion está mal escrito, así que al menos improvisemos unas buenas carcajadas.

Me viene a la cabeza una anécdota de un señor mayor que tuve la suerte de conocer hace mucho tiempo. Él siempre decía que la vida era como una partida de cartas: no eliges las que te reparten, pero sí cómo las juegas. Un día le pregunté: «¿Y qué pasa si las cartas son malísimas?». Él respondió: «Pues haces como yo: te ríes, pasas la mano y pides otro carajillo». Esa era su filosofía, y a mí me parece la definición más bonita de resiliencia, de amor propio y de todas esas palabras que hemos ido usando en este libro.

Así que sí, yo ya me voy yendo. Pero antes de cerrar quiero darte las gracias: por leer, por acompañar, por perdonarme alguna exageración y, sobre todo, por reírte conmigo de lo absurdo de la vida. Si algo me llevo de todo esto es la idea de que la felicidad no es una fórmula mágica ni un plan de doce pasos. La felicidad es más simple: es poder contar la historia de tu vida como si fuera un monólogo divertido, incluso cuando lo que cuentas es un desastre.

Al final, amar la vida no es besar bajo la lluvia, ni vivir en modo *inspirational quote*. Amar la vida es empaparse, cabrearse porque el paraguas se rompió, pero reírte igual porque al menos vas acompañado. Es mirar al espejo, ver un desastre... y pensar: «Vale, pero es mi desastre y me cae bien». Es darte cuenta de que los cruasanes con mantequilla te hacen más feliz que la dieta keto. Y asumir que, aunque la vida no tenga mucho sentido, al menos siempre tendrá anécdotas graciosas.

En fin. Ya está, ahora sí: me levanto, me pongo el abrigo, recojo las llaves. Ha sido un placer compartir esta sobremesa contigo. Y si alguna vez nos volvemos a encontrar en otra página, en otra historia, en otro libro..., seguro que será igual: empezaremos diciendo «solo una cosa más» y acabaremos riéndonos en...

¿Cómo que ya te vas yendo, Ferran? ¡Si aún queda lo mejor! Sí, es verdad que hemos hablado de resiliencia, humor, amor, gratitud..., pero todavía falta la guinda del pastel. Siéntate, anda, que me faltan algunas preguntas por hacerte.

¿CÓMO ES EL CEREBRO DE LA GENTE FELIZ?

Antes de coger mi abrigo e irme yo también, me gustaría contestar, por fin, a la gran pregunta: «¿Cómo es el cerebro de la gente feliz?». Pero, antes de responder, hagamos un repaso de las ideas clave que han acompañado nuestro recorrido. Empezamos este viaje hablando de dos formas de experimentar la felicidad: el placer hedónico y el eudaimónico, ¿recuerdas?

La hedonia se relaciona con la búsqueda del placer y la evitación del malestar. Es ese bienestar que surge al disfrutar de recompensas sensoriales o emocionales: un buen plato de comida, una copa de vino, una canción que nos emociona o una película que nos toca el alma. Son momentos gratificantes que vienen del exterior, nos elevan, pero son temporales.

La eudemonía, en cambio, nace desde dentro. Es ese bienestar más profundo y duradero que sentimos cuando vivimos en coherencia con nuestros valores, cuando percibimos que lo que hacemos tiene sentido, que estamos creciendo, que hay propósito. Es más estable, más íntimo, más personal.

Ambas dimensiones son importantes. La ciencia ha demostrado que las personas más felices integran ambas formas de felicidad: disfrutan de los pequeños placeres del día a día y, a la vez, encuentran sentido en lo que hacen. Por eso, podríamos decir que el cerebro de la gente feliz es aquel que sabe combinar estos dos mundos: el del gozo hedónico y el del sentido eudaimónico.

Desde la neurociencia, se ha avanzado mucho en el estudio de los componentes afectivos de la felicidad, es decir, en cómo se activan las emociones positivas, el placer, el disfrute. Sin embargo, aún queda camino por recorrer en la exploración de ese otro lado más profundo: el del significado, la plenitud, la conexión con uno mismo.

La neurociencia de la felicidad hedónica

Estudiar el placer hedónico —ese que proviene del disfrute de estímulos sensoriales o experiencias agradables— resulta más sencillo para la ciencia, ya que sus efectos pueden medirse de forma más directa en el cerebro.

Dos referentes en este campo, los neurocientíficos Kent Berridge y Morten Kringelbach, fueron pioneros en demostrar algo fascinante: que el cerebro no responde igual cuando *nos gusta* algo (*liking*) que cuando *deseamos* algo (*wanting*). Aunque a veces los confundimos, placer y deseo no son lo mismo.

Como vimos al inicio del libro, cuando realmente disfrutamos una experiencia —comer algo delicioso, oír una canción que nos emociona—, se liberan sustancias como las endorfinas o los endocannabinoides en los llamados centros hedónicos del cerebro, entre ellos el núcleo accumbens. Esta es la vía del *liking*: placer en estado puro.

En cambio, el *wanting*, el deseo o impulso por obtener algo que nos gusta, se activa a través del circuito dopaminérgico mesolímbico. La dopamina no está tan relacionada con el placer mismo, sino con la anticipación del placer, con esa chispa que nos empuja a ir a por ello.

Ambos procesos —sentir placer y desearlo— son parte de la felicidad hedónica. Y no solo participan estructuras profundas del cerebro, también están involucradas áreas corticales como la corteza orbitofrontal (COF), la corteza cingulada anterior (CCA), la ínsula y la corteza prefrontal medial. Todas ellas integran y modulan nuestra experiencia subjetiva del placer.

Ahora bien, si queremos aumentar el placer en nuestro día a día, hay algo que debemos tener en cuenta: algunas personas, por su biología, experimentan el placer con más intensidad que otras.

> Pero aquí viene la buena noticia: sí podemos ampliar nuestra percepción del placer desde un plano más cognitivo. Y ahí entra en juego, de forma destacada, la corteza orbitofrontal. Esta zona del cerebro no solo codifica el placer, sino que lo *interpreta*: nos permite valorar la experiencia como agradable, integrarla con nuestras expectativas, gustos y creencias.

De ahí que algo tan sencillo como saborear conscientemente una comida, escuchar música con atención o contemplar una obra de arte pueda aumentar nuestra sensación de placer. La forma en que miramos, interpretamos y nos relacionamos con la experiencia es clave.

¿Y QUÉ PASA CON LA DOPAMINA?

La dopamina también tiene un papel fundamental en la felicidad, no solo en su versión más placentera o hedónica, sino también en la eudaimónica: cuando sentimos motivación, propósito o dirección en la vida, la dopamina está implicada. Es ese impulso vital que nos empuja hacia adelante, que nos da energía para perseguir lo que nos importa.

El problema aparece cuando la dopamina se libera en exceso. Ya vimos que muchas gratificaciones instantáneas —como las que nos ofrecen las redes sociales, la comida ultraprocesada, el alcohol o el consumo compulsivo— provocan liberaciones rápidas y abundantes de dopamina, y, aunque nos hacen sentir bien a corto plazo, pueden acabar generando dependencia y vaciarnos por dentro.

Buscar placer está bien. Activar el circuito de recompensa y disfrutar de la vida es necesario. Pero si nos pasamos, si convertimos el placer en una obsesión, acabamos siendo esclavos de él. Entonces, paradójicamente, en lugar de sentirnos felices, nos sentimos insatisfechos.

Por eso algunos neurocientíficos hablan de la importancia de cultivar un deseo moderado. En el equilibrio está la clave: desear, sí, pero sin obsesión. Disfrutar, sí, pero sin convertirlo en una necesidad constante, en una dependencia. Buscar más la calidad y menos la cantidad. Ser capaces de saborear lo que nos gusta, sin abusar de ello.

Todo esto está muy bien para el placer hedónico, pero ¿y la eudemonía? ¿Qué pasa con ese otro tipo de felicidad más profunda y estable? ¿Qué áreas del cerebro la sostienen? Vamos a explorarlo.

La neurociencia del florecimiento humano

Estudiar la felicidad profunda, esa que tiene que ver con el propósito y el sentido de la vida (llamada eudaimónica), no es tan sencillo como medir el placer momentáneo. Es más subjetiva, más psicológica y, por eso, más difícil de captar desde la neurociencia.

Por suerte, en los últimos años ha surgido un nuevo campo: la neurociencia del florecimiento humano, que intenta entender cómo el cerebro genera este tipo de bienestar más duradero y significativo. Aún queda mucho por descubrir: los estudios están en una fase muy inicial.

Uno de los grandes retos es que esta felicidad no es fácil de medir. Se usan cuestionarios, pero pueden quedarse cortos porque muchas veces ni siquiera nosotros mismos sabemos bien cómo nos sentimos. Además, no es fácil inducir estos estados de plenitud en un laboratorio o dentro de un escáner cerebral. Aun así, los investigadores lo intentan con estímulos: música, meditación, relaciones humanas (como la conexión madre-hijo), experiencias sensoriales o incluso psicodélicos.

En 2020 se dio un gran paso con la creación del Centre for Eudaimonia and Human Flourishing en Oxford, fundado por los investigadores Kent Berridge y Morten Kringelbach. Este centro reúne científicos, artistas, filósofos y matemáticos para entender cómo el cerebro crea significado y bienestar profundo. En él también colabora el neurocientífico Gustavo Deco, que desde Barcelona usa modelos matemáticos para desentrañar cómo funciona este tipo de felicidad en la mente humana.

Ahora que sabemos qué se está investigando, toca ver por dónde van las hipótesis actuales y qué regiones cerebrales podrían estar implicadas en este tipo de bienestar más profundo. Los científicos tienen varias candidatas, aquí te presento cuatro. ¿Quieres saber cuáles son?

Primera candidata: la corteza prefrontal

Para que el cerebro pueda ser feliz, lo primero es que no esté en modo supervivencia. Hay dos sistemas que, si están desregulados, nos lo ponen muy difícil:

- El sistema de alerta (con la amígdala al mando): cuando está sobreactivado, vivimos atrapados en el miedo, el estrés y la ansiedad.
- El sistema de recompensa (con el núcleo accumbens como centro): si domina demasiado, nos volvemos adictos a los placeres inmediatos, perdemos el equilibrio y el enfoque a largo plazo.

Ambos sistemas son parte del llamado cerebro emocional y son necesarios para vivir, pero solo cuando se activan en su justa medida. Si nos dominan, vivimos en piloto automático, sin capacidad real de elegir cómo queremos vivir.

Y aquí la corteza prefrontal (CPF) juega un gran papel. Pero más que su activación aislada, hoy se cree que lo importante es cómo la CPF se comunica con estas áreas emocionales. Especialmente su parte ventromedial (CPFvm) y la corteza orbitofrontal (COF). Estas zonas nos ayudan a regular las emociones, equilibrar nuestros impulsos y tomar decisiones que se alinean con lo que realmente somos. La buena noticia es que muchos neuropoderes que hemos compartido en este libro ayudan a fortalecer estas áreas del cerebro.

También, durante mucho tiempo, se ha dicho que el cerebro feliz tiene la parte izquierda de la CPF muy activa, relacionada con emociones positivas y la motivación por ir hacia lo que queremos (en contraposición con la derecha, que se activa más bajo emociones negativas y cuando queremos evitar el dolor).

> Podríamos empezar entonces diciendo que el cerebro de la gente feliz es un cerebro equilibrado, bien regulado emocionalmente, donde no nos perdemos en el miedo ni en el deseo (gracias a una CPF bien activa y bien conectada con centros emocionales como la amígdala o el núcleo accumbens).

Puede ser incluso que el cerebro de la gente feliz minimice las emociones negativas (CPF derecha menos activa) o sientan más las positivas (CPF izquierda más activa).

Independientemente de qué parte en concreto de la CPF es la que está más involucrada en la felicidad, es importante volver a decir que ser feliz requiere más esfuerzo para el cerebro que dejarse llevar por las emociones reactivas. Generar emociones positivas como el aprecio, la gratitud, el amor, el humor o la curiosidad necesita de nuestra CPF.

La investigadora Barbara Fredrickson sostiene que este tipo de emociones no solo nos hacen sentir bien, sino que también mejoran nuestra salud, fortalecen el sistema inmunológico, nos protegen del envejecimiento y alargan la vida. Según su teoría, la evolución no solo nos dio emociones para sobrevivir, sino también para florecer como personas. Y para ello, la CPF juega un papel fundamental. Y regenerar esta zona del cerebro con un buen descanso, es clave.

Segunda candidata: la RND

Cuando no estamos haciendo nada concreto, nuestra mente empieza a divagar. Ese estado mental activa lo que se llama la red neuronal por defecto (RND). Es la responsable de nuestro diálogo interno, de pensar en el pasado, anticipar el futuro o imaginar situaciones sociales. En resumen: de estar en todas partes menos en el presente. Esta red no genera pensamientos que podamos controlar. Simplemente aparecen. Lo que sí podemos hacer es gestionar cómo respondemos a ellos una vez están ahí.

Es importante no confundir esta divagación espontánea con la rumiación, que es más repetitiva, intensa, y suele tener un tono negativo. Aunque ambas parten del mismo mecanismo, la rumiación suele surgir cuando estamos emocionalmente desregulados.

Muchos científicos creen que en la RND reside el secreto de la felicidad, especialmente la eudaimónica, esa que nace del propósito y el sentido profundo de la vida.

Aunque muchos estudios corroboran que *vivir en el presente* es clave para ser feliz, también lo es recordar momentos felices del pasado o imaginar un futuro esperanzador. La RND se activa justo cuando recordamos, reflexionamos, imaginamos o soñamos.

Ahora bien, cuando esta red se centra demasiado en el YO (cuando los *hubs* de esta red, como la CPF media, están demasiado activos) y se atasca en pensamientos repetitivos, aparece la rumiación, la ansiedad o el bajo estado de ánimo. Lo bueno es que cultivar neuropoderes como conectar con relaciones sociales sanas, practicar la gratitud, el altruismo, el perdón o desarrollar flexibilidad cognitiva ayudan a descentrar la atención del *yo* y redirigirla hacia el mundo, equilibrando así nuestra salud mental.

También es necesario encontrar el equilibrio entre estar con uno mismo y estar con los demás.

> Estar demasiado enfocados en nosotros puede hacernos más neuróticos y rumiar demasiado. No obstante, estar solo hacia afuera puede desconectarnos de nuestras propias necesidades y valores. De nuevo, en el equilibrio está la magia.

Se cree que la RND podría ser el nexo entre la felicidad hedónica y la eudaimónica, ayudándonos a unir los pequeños placeres con los grandes significados.

Tercera candidata: el equilibrio entre tres redes cerebrales

Otra de las hipótesis que destacan los estudios de la neurociencia del florecimiento humano para ser felices está en el baile armónico entre tres redes cerebrales:

- Red de modo por defecto (RND): la del diálogo interno, los pensamientos, las vueltas mentales.
- Red de saliencia (RS): nos avisa de lo importante y nos ayuda a cambiar de foco.
- Red ejecutiva (con la corteza prefrontal como protagonista): nos ayuda a concentrarnos, a decidir, a tener control.

Cuando la red ejecutiva está activa (liderada por la CPF), la RND se calma. Y ese equilibrio se logra reforzando la conexión entre la red de saliencia y la corteza prefrontal (RS-CPF). Esto sucede, por ejemplo, cuando meditamos: nos damos cuenta de que nos hemos distraído y volvemos al momento presente.

Reforzar esta conexión nos da presencia y consciencia, nos permite salir del piloto automático. Por eso entrenarla (con *mindfulness*, atención, autorreflexión...) es fundamental.

Cuarta candidata: la CCA y la ínsula

Prometido, esta ya son las últimas partes del cerebro que merecen mención según apuntan algunos neurocientíficos que estudian la felicidad eudaimónica: la corteza cingulada anterior (CCA) y la ínsula. De hecho, estas dos partes forman la antes citada red de saliencia, que nos ayuda a tomar conciencia de aquello que es importante en este momento. La CCA hace de puente entre lo consciente y lo inconsciente. La ínsula se encarga de algo fundamental: conectarnos con nuestro cuerpo y nuestras emociones. Gracias a ella podemos sentir lo que pasa dentro de nosotros —el famoso sexto sentido llamado interocepción— y eso nos permite saber cómo estamos realmente, tomar buenas decisiones, ser más empáticos y procesar mejor lo que sentimos.

¿CON QUÉ NOS QUEDAMOS? ¿CÓMO ES, ENTONCES, EL CEREBRO DE LA GENTE FELIZ?

Querido lector, quizá tengas ahora mismo un popurrí de ideas que no acabas de ver claramente. Es normal. La verdad es que es el mismo lío que tiene la ciencia hoy en día. Y es que sobre este tema aún sabemos bien poco. Todo son hipótesis de por dónde pueden ir los tiros. La neurociencia de la felicidad aún está en pañales, llena de descubrimientos prometedores, pero pocas certezas definitivas. Aun así, hay pistas valiosas que podemos recoger después de toda la *turra* que os he dado.

Un cerebro feliz es, probablemente, aquel que sabe disfrutar del placer, saborearlo, sin caer en la rueda de hámster del «quiero más» (felicidad hedónica) y que a la vez encuentra sentido y propósito en su vida (felicidad eudaimónica). Para lograrlo, pone en práctica los neuropoderes citados, seguramente aquellos que van más acorde con sus valores vitales. Muchos de estos neuropoderes, como vimos, ayudan a tener una corteza prefrontal bien organizada y conectada a centros emocionales, lo que ayuda a que todo esté en equilibrio, bien regulado.

También muestra una red neuronal por defecto (RND) tranquila y poco centrada en el YO junto con una red de saliencia bien entrenada (donde la ínsula y la CCA son claves). Todas estas piezas contribuyen a generar ese bienestar más profundo, más sereno.

Y, por supuesto, no olvidemos el combustible neuroquímico del bienestar: oxitocina, serotonina, dopamina, endorfinas y endocannabinoides, esa sinfonía de moléculas que nos recuerdan que sí, el cuerpo también piensa y siente.

Así que, más que un cerebro perfecto, la gente feliz tiene un cerebro en equilibrio a muchos niveles. Un cerebro que no huye del dolor, pero tampoco se apega al placer. Un cerebro que sabe cuándo actuar y cuándo simplemente descansar y ser. Un cerebro que sabe ser amable con uno mismo, pero que también es capaz de ver, cuidar y conectar con los demás. Un cerebro que sabe apreciar la vida, que sabe lo que le hace bien y lo disfruta, y sabe soltar lo que no le suma en bienestar.

Un último apunte: más allá del cerebro

Aunque gran parte de este viaje lo hemos dedicado a explorar el cerebro, reducir la felicidad solo a su actividad sería simplificar demasiado. Somos más que conexiones neuronales: somos seres biopsicosociales, influenciados por nuestros genes, nuestras hormonas, nuestro cuerpo, nuestro entorno, nuestra historia, nuestras relaciones y nuestras creencias.

En realidad, la felicidad no tiene una fórmula universal ni una receta mágica. Es un fenómeno complejo y multifactorial, moldeado por un sinfín de variables que se combinan de manera única en cada persona.

Tal vez hayas llegado hasta aquí esperando una clave concreta, una respuesta definitiva. Quizá te decepcione leer que esa clave única no existe. Pero sería deshonesto prometer lo que la ciencia aún no puede asegurar.

Lo que sí puedo decirte con certeza es esto: cada uno de los neuropoderes que has descubierto en este libro te ayuda a vivir mejor. No hay uno solo que no te beneficie, no hay práctica que no sume. No sé cuál será el que más impacto tenga en ti, cuál es el que necesitas tú más reforzar, pero sí sé que todos te empujan hacia el mismo lugar: crecer, florecer y conectar contigo y con el mundo desde un lugar más consciente, más amoroso, más humano. Y esto, querido amigo, nos hace sentir bien, nos da felicidad.

Por último, me gustaría, antes de acabar del todo (ahora ya sí que sí), que Ferran dijera sus últimas palabras sobre lo que sería para él un cerebro feliz.

Yo aquí me despido. Gracias, lector, por haberme acompañado en este fascinante viaje. Espero de corazón que lo compartido te ayude enormemente a sentirte mejor contigo, con tu vida. ¡Un abrazo enorme!

Gracias, Sara, en serio, espero que hayas aprendido, querido lector, tanto como yo he aprendido leyendo a Sara. Entiendo que me toca cerrar, qué difíciles son las despedidas. Tanto trabajo y sufrimiento para que este libro quede como uno quiere y luego te da pena terminar. Es como esa llamada con la novia del instituto: «Cuelga tú… No, cuelga tú, tonto…». Me hago el fuerte y voy a terminar con lo que es un cerebro feliz.

Para mí, un **cerebro feliz** ha hecho las paces con el absurdo. Sabe que la vida puede ser un caos mal organizado… y, aun así, se levanta por la mañana, se lava los dientes y va a trabajar como si supiera lo que hace.

La vida, seamos honestos, es básicamente un grupo de improvisadores actuando sin guion. Lo gracioso es que creemos que alguien dirige la obra, cuando en realidad todos estamos tocando nuestra propia partitura, y a la vez. Un cerebro feliz es el que acepta ese concierto desafinado y baila igualmente.

El cerebro feliz disfruta equivocándose. No busca perfección, busca comedia. Se ríe de sí mismo cuando mete la pata. Porque, si no, ¿qué? ¿Vamos a llorar cada vez que mandamos un audio al grupo equivocado? No. Nos reímos. Ahí está la clave: convertir tu ridículo en material de *stand-up*.

También ha superado la idea de *ser especial*. Aceptar que eres bastante normal es un descanso. Te libera de competir con el universo. Y en esa normalidad, curiosamente, está la felicidad.

Y no, no necesita vivir en euforia permanente. Encuentra la felicidad en cosas mínimas: una tostada que no se quema, un autobús que llega a tiempo, una ducha caliente. Son esos detalles los que deciden si el día es decente o un drama digno de escribirle al terapeuta.

También se aburre. Porque el aburrimiento es sano. Hoy parece ilegal aburrirse: siempre con pantallas, con ruido, con Netflix. Pero el aburrimiento trae ideas absurdas, recuerdos, ocurrencias. Y a veces, ahí, mirando el techo, aparece la chispa de la felicidad.

Por último, el cerebro feliz es honesto. Reconoce que hay días de mierda, pérdidas que duelen y que la tristeza forma parte del pack. Pero, aun así, elige seguir adelante. Esa es la grandeza del absurdo: aceptar que la vida no tiene sentido objetivo… y te inventas uno.

En resumen, un cerebro feliz no es el que sonríe siempre, ni el que lo controla todo ni el que cree que el universo conspira a su favor. Es el que se ríe del caos, baila con lo absurdo, aunque no tenga ritmo, y sabe que mañana volverá a equivocarse…, pero también a reírse de ello.

Epílogo

El del lector que también tenía un cerebro

Si has llegado hasta aquí, enhorabuena. De verdad. No todos lo hacen. Hay quien se queda en el primer capítulo, justo en el del placer, y piensa: «Ah, vale, esto va de disfrutar más la vida». Y se van a dormir la siesta. Otros llegan al de la resiliencia y se rinden porque les da pereza volver a levantarse. Y algunos —mis favoritos— se pierden en el del amor y me escriben diciendo: «Gracias, Ferran, pero yo ahora mismo no estoy para eso». Normal. El amor cansa más que el crossfit.

Pero tú, lector valiente, tú has aguantado todo. Te has tragado mis anécdotas, los gráficos de Sara, los chistes malos y las metáforas neuronales. Así que oficialmente puedes considerarte: neurograduado en felicidad aplicada. No te daremos diploma, *sorry*.

Sara quería diseñar un test con puntuaciones, pero le recordé que este libro lo iba a leer gente normal, no opositores a Hogwarts. Además, ¿para qué un examen? Si algo hemos aprendido es que la felicidad no se mide: se sospecha. Uno nunca sabe si es feliz, pero sí cuándo tiene hambre o sueño. Eso, sinceramente, ya es un gran punto de partida.

A estas alturas, habrás notado que este libro no era lo que parecía. Decía «neuropoderes» y al final no te enseñó a volar ni a leer la mente, pero, oye, igual ahora sabes dormir mejor, reírte antes o discutir con más elegancia. Y eso ya es casi magia. No se trata de convertirse en un superhéroe, sino en un humano que no se sabotea tanto. Y si este libro ha conseguido que una sola vez pienses que «igual no hace falta sufrir por esto», entonces ya ha funcionado. No porque te haya cambiado la vida, sino porque te ha hecho respirar medio segundo antes de que explotaras. Y eso, amigo, es neurociencia pura.

También habrás descubierto la trampa de este libro: lo escribimos Sara, yo… y tú. Sí, tú. Mientras tú leías, nosotros te imaginábamos completando frases, recordando tus propias historias, riéndote donde había que reírse y pensando: «Hostia, qué verdad» en los párrafos buenos (y «este tío está fatal» en los otros). Eras el tercer amigo de esta conversación: el que se suma con una cerveza y dice: «Vale, pero en mi caso fue peor». El cerebro de la gente feliz: edición interactiva sin Zoom.

Y lo mejor es que este libro no acaba aquí. Ahora te toca a ti ponerlo en práctica, a tu manera. No como un deber, sino como un experimento. Si algo te sirvió, repítelo. Si no, ríete igual. La felicidad no tiene que ser perfecta, tiene que ser tuya. Y si algún día te olvidas de todo lo que has leído, tampoco pasa nada. Tu cerebro, que es más listo que nosotros dos juntos, ya se ha quedado con lo importante. Lo demás lo puedes soltar. O como diría Sara, «archívalo en el hipocampo y sigue con tu vida».

Y hablando de Sara, sé que en este punto del libro debería dejar que ella cerrara con una reflexión profunda, algo elegante, lleno de rigor científico y metáforas sobre sinapsis y dopamina. Pero claro, me conozco la historia: yo le entrego el teclado y ella empieza a explicar cómo la neuroplasticidad refuerza las redes de bienestar, y acabamos todos buscando wifi para googlearlo. Así que mejor lo resumo yo: Sara dice que tu cerebro tiene todo lo necesario para estar bien. Solo necesita que lo trates con un poco más de cariño y con menos exigencia. Básicamente: que lo dejes en paz de vez en cuando. A mí me parece un mensaje precioso y mucho más barato que la terapia (aunque puede que menos eficaz, ¿o no?).

No esperes que el libro se despida con un mantra ni con música ambiental. Esto no es *Come, reza, ama*. Esto es más *Come, ríe, acepta que estás cansado y échate una siesta*. Porque la felicidad no es un propósito, es una práctica doméstica. Y la vida, al final, no es una escalera al éxito, es un sofá con cojines desparejados donde a veces te echas una siesta y dices: «Pues tampoco está tan mal».

Sara y yo seguimos en lo mismo. Ella intenta hacer yoga con una niña de dos años colgada del cuello, yo intento no comerme los pensamientos negativos (ni las galletas), y entre los dos hacemos lo que hace todo el mundo: improvisar, reírnos y repetir. La vida, si te fijas, se parece mucho a este libro: empieza prometiendo respuestas y termina con un par de carcajadas y la sensación de que, por lo menos, ya no te tomas tan en serio. Y qué narices, en este proceso vas encontrando esas respuestas tan necesarias.

Así que gracias, lector. Por leer, por pensar, por reírte, por llegar hasta aquí. Porque este libro, en realidad, no existiría sin ti. Nosotros solo hemos puesto las palabras. Tú les has dado sentido. Y si después de todo esto sigues sin sentirte plenamente feliz, no pasa nada. A veces, solo con saber que la felicidad existe en los márgenes, ya estás más cerca de encontrarla.

Y si no… tranquilo. El cerebro es paciente. Te esperará. Mientras tanto, ríete, duerme, quiere, come, respira, y no olvides que, incluso cuando el mundo parece absurdo, tú puedes elegir cómo contarlo. Seamos sinceros: si nosotros hemos conseguido escribir un libro sobre la felicidad sin convertirnos en gurús, lo tuyo tiene fácil arreglo.

Un fuerte abrazo,

SARA Y FERRAN

Referencias